Kamlesh Prasad
Parneet Kaur

Modificação, caraterização e valorização da casca de grão-de-bico

Kamlesh Prasad
Parneet Kaur

Modificação, caraterização e valorização da casca de grão-de-bico

ScienciaScripts

Imprint

Cover image: www.ingimage.com

This book is a translation from the original published under ISBN 978-620-8-42272-1.

Publisher:
Sciencia Scripts
is a trademark of
Dodo Books Indian Ocean Ltd. and OmniScriptum S.R.L publishing group

120 High Road, East Finchley, London, N2 9ED, United Kingdom
Str. Armeneasca 28/1, office 1, Chisinau MD-2012, Republic of Moldova, Europe
Managing Directors: Ieva Konstantinova, Victoria Ursu
info@omniscriptum.com

Printed at: see last page
ISBN: 978-620-8-64512-0

Índice

SÍMBOLOS E ABREVIATURAS

AOAC	Association of official analytical chemists
%	Percentage
MC	Moisture content
μ	Micro
DPPH	2,2-diphenyl-1-picrylhydrazyl
ρ	Density
SEM	Scanning electron microscopy
XRD	X-ray diffraction
FTIR	Fourier transform infrared spectroscopy
Kg	Kilogram
g	Gram
°C	Degree celsius
ml	Milli litre
N	Normality/ Newton
Nm	Nanometer
TPC	Total phenolic content
TFC	Total flavonoid content
AA	Antioxidant activity
Φ	Angle of repose
R1	Raw
R2	Roasted
R1S18	Raw soaked dehydrated
R2S18	Roasted soaked dehydrated
R1SR	Raw soaked dehydrated roasted
kcal.	Kilocalorie
GAE	Gallic acid equivalent
QE	Quercetin equivalent
θ	Theta
cm^{-1}	Per centi meter
hrs	hours
mm	Millimeter

CAPÍTULO-1

INTRODUÇÃO

As leguminosas são culturas importantes e importantes fontes de nutrição que pertencem à família Leguminosae, também conhecida como a família das ervilhas. Apresentam-se numa variedade de tamanhos, cores e formas e são sementes comestíveis que são cultivadas em vagens. Existem 11 variedades diferentes de leguminosas reconhecidas pela FAO, incluindo feijões secos, secas, ervilhas secas, grão-de-bico, , feijão bóer, lentilhas, feijão bambara, ervilhaca e outras. Todas as leguminosas são consideradas leguminosas, mas nem todas as leguminosas são consideradas leguminosas. As leguminosas são consumidas pelos seres humanos sob a forma de grãos secos (Singh, 2017)

A moagem de leguminosas envolve a remoção da casca exterior e a divisão das leguminosas em dal (leguminosas divididas) e produz uma variedade de subprodutos. Na Índia, quase 80% dos feijões são descascados, separados e consumidos como dhal. Os métodos de moagem domésticos e em pequena escala resultam em rendimentos de cerca de 75% para o grão-de-bico e 68% para o feijão bóer, enquanto as técnicas de moagem melhoradas resultam em rendimentos de aproximadamente 82%, em comparação com um máximo teórico de 89% (Ravi e Harte, 2009). A transformação primária consiste em descascar o grão, dividi-lo em dhal e depois moê-lo para fazer farinha. A transformação secundária envolve tratamentos que convertem o dhal e a farinha em produtos comestíveis. A composição nutricional ou a aceitabilidade do produto não são influenciadas pela transformação primária. Três variáveis-chave: tempo de processamento, temperatura e teor de humidade - têm um impacto significativo no valor nutricional dos produtos de grão-de-bico . O tratamento térmico húmido é preferível em comparação com os métodos de calor seco (Orthoefer et al., 2005). Existem principalmente dois tipos de grão-de-bico comercialmente disponíveis no mundo: o grão-de-bico Desi e o grão-de-bico Kabuli. O grão-de-bico Desi é comparativamente mais pequeno e mais irregular do que o grão-de-bico Kabuli. Com 80% da produção mundial, o Sul e o Sudeste Asiático dominam a produção de grão-de-bico.

O grão-de-bico Kabuli é maior do que o grão-de-bico Desi e tem um revestimento fino de sementes de cor clara, sendo normalmente cultivado nas regiões temperadas do mundo. As caraterísticas das várias cultivares de grão-de-bico Desi e Kabuli podem diferir consoante o local onde são produzidas. Foi desenvolvida uma variedade de grão-de-bico Desi e Kabuli e as caraterísticas destas cultivares podem variar consoante a região produtora. O consumo de grão-de-bico (*Cicer arietinum* L.) está generalizado em todo o mundo. Trata-se de uma cultura alimentar de base e é considerada a fonte de proteínas mais importante da dieta. O grão-de-bico é uma leguminosa popular em muitas partes do mundo. Tem vários nomes regionais em diferentes estados da Índia. É designado por Chana em Haryana, Chhole em Punjab, Harbara em Maharashtra e Chola em Ocidental. A Índia produz a maior parte do grão-de-bico do mundo (com uma quota de cerca de 66,19%; é seguida pela Austrália e pela Turquia) e contribui com 86,03% da quantidade total de grão-de-bico produzido na

Ásia. A seguir ao feijão comum, o grão-de-bico é a segunda cultura de leguminosas mais cultivada a nível mundial (Kaur e Prasad., 2021)

O grão-de-bico é uma leguminosa, amplamente utilizada como componente funcional no mercado alimentar devido ao seu valor proteico muito elevado (17-22%) relativamente a outras leguminosas. O grão-de-bico preto é uma excelente fonte de energia e de nutrientes importantes, uma vez que é rico em proteínas, fibras alimentares e hidratos de carbono complexos. Tem um baixo teor de sódio e colesterol e uma quantidade modesta de gordura. O grão-de-bico preto é conhecido por possuir um elevado nível de antioxidantes, o que reduz o stress oxidativo e protege contra os danos celulares causados pelos radicais livres (Segev et al., 2011).

O grão-de-bico preto é uma fonte superior de fibras alimentares solúveis e insolúveis. A presença de fibras ajuda a manter o sistema digestivo em boas condições, favorece a regularidade dos movimentos intestinais e reduz o risco de doenças gastrointestinais. São, por isso, indicadas para quem sofre de diabetes ou para quem está a tentar controlar os níveis de açúcar no sangue. Uma vez que provocam um aumento mais lento e gradual dos níveis de açúcar no sangue. O consumo de grão-de-bico preto tem sido associado a várias vantagens para a saúde, como a melhoria da saúde cardiovascular, a diminuição da inflamação e o aumento da saciedade. O grão-de-bico preto contém substâncias químicas bioactivas, que suportam estes benefícios vantajosos. Durante o processo de descasque do grão-de-bico preto, o revestimento exterior da semente ou casca é removido. Geralmente, 9-16% do peso total dos grãos da leguminosa são constituídos pelas cascas (Bose et al., 2010)

A casca é constituída pelo revestimento da semente e pelas camadas de farelo aderentes. A extensão da produção de casca pode variar consoante o método de descasque, o equipamento e as caraterísticas das sementes (Narasimha et al., 2003). A quantidade de casca produzida pode variar consoante o processo de descasque, o equipamento e as caraterísticas das sementes. A produção de casca durante a moagem de sementes de grão-de-bico preto pode ser influenciada pelo tamanho, forma e teor de humidade das sementes. Um teor de humidade mais elevado nas sementes ou sementes com morfologias irregulares pode resultar numa maior produção de casca. A casca produzida durante a moagem do grão-de-bico preto pode ser utilizada como um subproduto útil. É adequado para uma variedade de utilizações, uma vez que contém substâncias bioactivas, proteínas e fibras alimentares

A casca pode ser utilizada no desenvolvimento de refeições funcionais e suplementos dietéticos. A casca é fibrosa e pode ser utilizada para fabricar alimentos para animais, como fonte de nutrição ou noutros processos comerciais, sendo utilizada na criação de biocombustíveis ou na compostagem. A casca de grão-de-bico preto é rica em fibras alimentares, que têm vários benefícios para a saúde. Tem fibras solúveis e insolúveis, que ajudam a manter uma boa saúde intestinal, auxiliam a digestão e incentivam movimentos intestinais regulares. A casca de grão-de-bico preto é utilizada como componente em formulações de alimentos para animais. Fornece fibras alimentares, proteínas e outros nutrientes que podem contribuir para o valor nutricional da ração. A casca pode ser utilizada como uma fonte natural de fibra alimentar em alimentos, incluindo cereais, aperitivos e produtos de pastelaria. Mas há presença de factores antinutricionais na semente de grão-de-bico, bem como na casca. Para utilizar a casca de uma forma eficaz, estes factores antinutricionais têm de ser removidos da casca. Para isso, a torrefação e a imersão foram os métodos utilizados para remover os factores antinutricionais da casca (Pokharel e Upendra, 2022).

Estes factores antinutricionais incluem o ácido fítico e o ácido tânico, o inibidor de proteases, as saponinas, etc. O ácido fítico, por vezes referido como fitato, está presente na casca do grão-de-bico. São criados complexos insolúveis quando o ácido fítico se liga a minerais como o cálcio, o ferro e o zinco, reduzindo a sua biodisponibilidade. Isto pode impedir a capacidade do trato gastrointestinal de absorver estes minerais cruciais. Tratamentos enzimáticos, fermentação ou outras técnicas de processamento adequadas podem ajudar a reduzir a quantidade de ácido fítico e aumentar a biodisponibilidade dos minerais (Gupta et al., 2015).

Os inibidores da protease presentes nas cascas de grão-de-bico podem impedir a ação de enzimas digestivas como a tripsina e a quimotripsina. Estes inibidores da protease podem diminuir a biodisponibilidade das proteínas da dieta, obstruindo a decomposição das proteínas. É crucial lembrar, no entanto, que a utilização das técnicas corretas de cozedura ou processamento pode ajudar a reduzir alguns dos efeitos nocivos dos inibidores de protease (Abbas et al., 2018)

Os taninos são compostos polifenólicos que estão naturalmente presentes na casca do grão-de-bico. Estes compostos podem inibir as enzimas digestivas e prejudicar a digestão das proteínas, levando a uma menor biodisponibilidade das mesmas. A casca do grão-de-bico contém ácido tânico, um tipo de molécula de tanino que está presente em muitos tecidos vegetais. O ácido tânico pode ter efeitos antinutricionais ao ligar-se a proteínas, minerais (incluindo ferro e zinco) e outros nutrientes, o que diminui a sua biodisponibilidade e impede a absorção. Este facto pode ter um impacto no conteúdo nutricional da casca de grão-de-bico.

Alguns relatórios mostram que a casca de grão-de-bico é utilizada para fazer produtos alimentares, bem como um agente corante na indústria têxtil (Jose et al., 2019). A casca de grão-de-bico é uma fonte barata de fibra e proteína de alta qualidade nas dietas de muitas pessoas que não podem pagar a outra fonte cara de fibra e proteína. Para além das proteínas, é uma boa fonte de hidratos de carbono, minerais e oligoelementos,

No sistema digestivo de animais herbívoros, como os ruminantes, as bactérias que degradam as fibras demonstraram ser especificamente estimuladas pela fibra da casca do feijão (Myint, 2018). Muitas plantas produzem fibras e polifenóis que são resistentes às enzimas digestivas do trato gastrointestinal superior . Em seguida, são transferidos para o intestino grosso, onde são fermentados. A tendência crescente de melhorar os padrões alimentares deve acelerar entre os consumidores instruídos

O consumo de alimentos e o estilo de vida das pessoas mudaram, e estas preferem alimentos ricos em nutracêuticos, fibras alimentares, corantes naturais (clorofila, carotenóides, licopeno, etc.), minerais, vitaminas, com baixo teor de gordura e sem aditivos alimentares artificiais. A casca de grão-de-bico, rica em fibras alimentares e polifenóis, é necessária para controlar favoravelmente os processos metabólicos, e as suas caraterísticas fisiológicas e funcionais podem melhorar o estado de saúde dos animais monogástricos

Os produtos de pastelaria estão a ganhar reconhecimento e apreço nos dias de hoje, porque são produtos prontos a comer, deliciosos no sabor e . Devido ao seu conteúdo nutricional e às possíveis vantagens para a saúde, a casca de grão-de-bico pode ser utilizada como um elemento funcional em receitas de biscoitos (Bose et al., 2010). Enriquece os produtos alimentares com fibras nutricionais, proteínas e minerais. Se utilizar a casca de grão-de-bico numa receita de bolachas, podem ser necessárias alterações. Dependendo da textura e do aspeto desejados das bolachas, a casca pode ser utilizada inteira ou esmagada em pedaços mais pequenos. Outros elementos, como a humidade e os agentes aglutinantes, podem também ter de ser alterados. A casca de grão-de-bico pode dar às bolachas um sabor algo a noz e uma textura granulosa. Para melhorar o sabor geral, podem ser adicionados aromas ou substâncias adicionais com base no gosto.

A casca de grão-de-bico é conhecida há muito tempo como uma fonte de fibra alimentar, especialmente pectina, que contém oligossacáridos como rafinose, estaquiose e verbascose. Para aumentar o teor de fibra e melhorar o perfil nutricional de diferentes formulações alimentares, como pão, bolachas, massas e snacks, pode ser adicionada. As qualidades funcionais e o teor de fibra alimentar dos alimentos acabados podem ser melhorados com a adição de casca de grão-de-bico preto. Um produto alimentar sem glúten pode ser fabricado com casca de grão-de-bico preto (Chauhan et al., 2018). Pode servir como um substituto para ingredientes à base de trigo e fornecer estrutura, textura e benefícios nutricionais em formulações sem glúten. A casca de grão-de-bico preto pode aumentar o conteúdo nutritivo de pães, biscoitos e bolos sem glúten, além de melhorar suas qualidades sensoriais (Niño-Medina et al., 2019). Para desenvolver snacks nutritivos e formulações de barras, pode ser utilizada a casca de grão-de-bico preto. Pode proporcionar aos aperitivos qualidades texturais como a crocância e a estaladiça

Os produtos de padaria foram desenvolvidos para satisfazer as necessidades dietéticas e os gostos variados dos clientes. A popularidade dos produtos de padaria tem sido consideravelmente influenciada pelas actuais tendências globais em matéria de saúde e bem-estar. As opções saudáveis, como o pão integral, a pastelaria com baixo teor de açúcar e os produtos com ingredientes naturais, estão a tornar-se cada vez mais populares entre os consumidores. Em resposta, as padarias têm vindo a utilizar ingredientes mais úteis, utilizando menos produtos químicos e fornecendo produtos com melhores perfis nutricionais. Para melhorar o perfil nutricional das bolachas e potencialmente proporcionar vantagens para a saúde, pode ser adicionada fibra alimentar à receita das bolachas. Para aumentar a quantidade de fibra nutricional nas receitas de bolachas, utilize uma variedade de fontes, incluindo cereais integrais, farelo, frutas ou vegetais em pó e cascas de sementes. A textura, a retenção de humidade e as qualidades sensoriais gerais das bolachas podem ser melhoradas com a inclusão de fibra alimentar (Bilgiçli et al., 2007).

A fibra alimentar pode alterar as propriedades físicas e sensoriais das bolachas quando é adicionada às receitas. Pode afetar a distribuição, a textura, a cor e a aceitação geral das bolachas. Estas qualidades podem variar consoante as circunstâncias de processamento, o tipo de fibra alimentar e o teor de fibra. A fibra alimentar adicionada deve ser cuidadosamente formulada e optimizada para preservar os atributos desejáveis das bolachas, ao mesmo tempo que proporciona os benefícios pretendidos para a saúde. A fibra alimentar presente nas bolachas proporciona várias vantagens para a saúde, incluindo uma melhor digestão, maior saciedade e controlo do açúcar no sangue. A fibra alimentar pode retardar a decomposição e a absorção dos hidratos de carbono, fazendo com que os níveis de açúcar no sangue aumentem gradualmente. Podem também contribuir para a regularidade dos movimentos intestinais e para a saúde intestinal, devido aos seus efeitos prebióticos. A perceção e a aceitação pelo consumidor das bolachas enriquecidas com fibra alimentar desempenham um papel crucial no seu sucesso no mercado. Estudos demonstraram que a aceitação pelo consumidor de bolachas com elevado teor de fibras pode ser influenciada por factores como o sabor, a textura, o aspeto e a familiaridade. A avaliação sensorial e os estudos de consumo podem fornecer informações valiosas sobre as preferências do consumidor e ajudar no desenvolvimento de formulações de biscoitos ricos em fibras que atendam às expectativas nutricionais e sensoriais (Duta et al., 2015).

As bolachas são o produto mais conhecido para refeições rápidas. Estes snacks têm menos benefícios nutricionais e requerem algumas melhorias para se tornarem alimentos funcionais. A funcionalidade é a chave para estas aplicações. O amido foi o principal ingrediente das bolachas, que é o principal responsável pelos seus atributos estruturais. As principais fontes de amido incluem o arroz, o trigo, o milho, a aveia, etc. As bolachas são feitas em vários estilos, utilizando um tipo diferente de ingredientes, incluindo açúcares, especiarias, chocolate, manteiga, manteiga de amendoim, nozes ou frutos secos. A reação que ocorre durante a cozedura das bolachas é principalmente provocada pela combinação do calor e dos ingredientes presentes na massa. A primeira reação que ocorre é a desnaturação da proteína. A proteína presente na massa sofre desnaturação, o que resulta no desdobramento e rearranjo da estrutura da proteína. Isto leva a alterações na textura e na estrutura das bolachas. À medida que a temperatura aumenta, as moléculas de açúcar na massa sofrem caramelização. Isto resulta na cor e no sabor caraterísticos das bolachas. Além disso, o sabor rico e doce das bolachas.

Verificou-se que métodos de processamento como a demolha e a torrefação reduzem os factores antinutricionais dos alimentos. Por , demonstrou-se que a demolha e a torrefação do grão-de-bico reduzem significativamente os antinutrientes como os taninos e o ácido fítico, melhorando assim os seus perfis nutricionais (Yadav et al., 2017). Os métodos de processamento hidrotérmico, térmico e biológico reduziram os factores antinutricionais em diferentes cultivares de grão-de-bico (Sharma et al., 2018).

Para além de demolhar e assar, a cozedura também reduz os factores antinutricionais. Quando os alimentos são , são aquecidos a altas temperaturas, o que pode desnaturar ou decompor os factores antinutricionais. Verificou-se que a cozedura reduz os níveis de certos factores antinutricionais, como as lectinas nas leguminosas ou os inibidores de tripsina em alguns cereais.

Relativamente às bolachas ricas em fibra, o seu elevado teor de fibra pode contribuir para uma maior sensação de saciedade, ajudando a regular o apetite e a evitar a ingestão excessiva de calorias. A presença de fibras na dieta pode atuar como prebióticos, fornecendo alimento às bactérias intestinais benéficas. Isto apoia a saúde intestinal e pode ter efeitos positivos na regulação do açúcar no sangue, abrandando a digestão e a absorção dos hidratos de carbono

Assim, o presente estudo foi efectuado para caraterizar a casca de grão-de-bico obtida a partir de dois métodos de processamento, moagem e torrefação, seguido de tratamento da casca para reduzir os seus componentes anti-nutricionais. O pó de casca desenvolvido foi utilizado no desenvolvimento de biscoitos. Este estudo foi realizado tendo em conta os seguintes objectivos específicos:

Objectivos

1. Caracterização físico-química da casca de grão-de-bico crua e torrada.
2. Avaliar a eficácia do tratamento hidrotérmico na minimização dos componentes antinutricionais da casca de grão-de-bico.
3. Utilizar a casca de grão-de-bico tratada na preparação de bolachas ricas em fibras.

CAPÍTULO 2

REVISÃO DA LITERATURA

2.1 Grão-de-bico

O grão-de-bico é uma cultura altamente valorizada que fornece alimentos nutritivos a uma população mundial em crescimento. O grão-de-bico (*Cicer arietinum*) é também conhecido por grama de bengala e kala chana. Com uma produção anual média de mais de 10 milhões de toneladas, a produção vem em terceiro lugar depois do feijão, estando a maior parte concentrada na Índia (Merga et al., 2019)

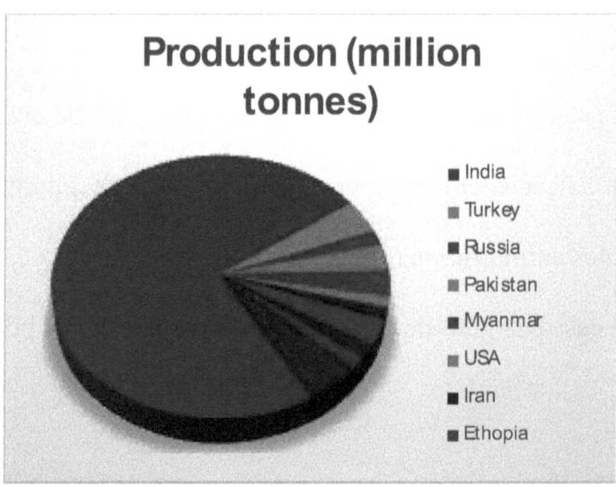

Figura 2.1 Contribuição de diferentes países na produção de grão-de-bico (2020)

O grão-de-bico é produzido em 14,842 milhões de hectares em todo o mundo, com uma produtividade de 1016 kg/ha e uma produção de 15,084 milhões de toneladas (FAO STAT, 2020). A Índia produziu 11,99 milhões de toneladas de grão-de-bico em 2020-21, o que representou 70% da produção total mundial. Esta cultura foi cultivada em 11,2 milhões de hectares com uma produtividade de 1070 kg/hectare. A Índia é o maior produtor mundial de cereais, seguida de Myanmar , Turquia e Rússia (Figura 2.1). O grão-de-bico ocupa o primeiro lugar entre todos os tipos de leguminosas produzidas na Índia, seguido da grama vermelha. Embora as leguminosas sejam cultivadas tanto na kharif como na rabi. As leguminosas aumentam a fertilidade do solo durante a produção, utilizam menos água do que os cereais e diminuem as populações de doenças e insectos quando plantadas em rotação com os cereais. As leguminosas possuem várias substâncias bioactivas naturais, incluindo lectinas, inibidores enzimáticos, oxalatos, oligossacáridos e compostos fenólicos (Guillon e Champ , 2002). As plantas com flor são classificadas em monocotiledóneas e dicotiledóneas. Os cereais são monocotiledóneas e as leguminosas são dicotiledóneas (as sementes podem ser separadas em duas metades). As sementes das leguminosas são constituídas por três partes: cotilédone, gérmen e invólucro da semente.

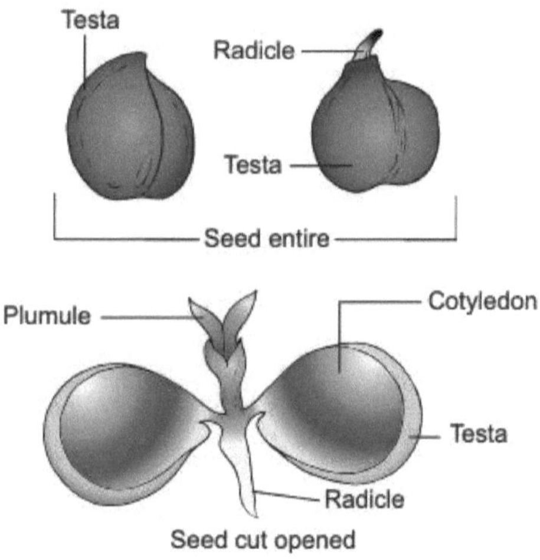

Os cotilédones armazenam nutrientes. O revestimento das sementes é rico em minerais como o magnésio, ferro, zinco, potássio e cobre e contém cerca de 30-50% de cálcio total, bem como fitato, tanino e fenólicos. As cores do revestimento das sementes devem-se à presença de compostos fenólicos

Figura 2.2 Estrutura das sementes de grão-de-bico

A celulose, a hemicelulose e a pectina são os principais polissacáridos presentes na parede celular das leguminosas. O cotilédone é composto por proteínas e hidratos de carbono e o revestimento das sementes contém principalmente fibras e compostos fenólicos. As leguminosas comumente consumidas incluem o feijão-marinho (*Phaseolus vulgaris* L.), o feijão-mungo (*Vigna radiata* L.), o feijão-frade, a fava (*Vicia faba* L.), o grão-de-bico (*Cicer arietinum* L.), a ervilha seca ou partida (*Pisum* sativum L.), o feijão-frade, o feijão-frade (*Vigna unguiculata* (L.) e diversas variedades de lentilhas. As leguminosas têm uma elevada quantidade de amido (22-45%) e um elevado teor de proteínas (Hoover et al., 2010).

O grão-de-bico é uma cultura amplamente cultivada a nível mundial. Os maiores produtores mundiais de grão-de-bico são a Índia, a Austrália, o Paquistão, a Turquia, Myanmar, a Etiópia e o México. Estes países têm climas favoráveis e práticas agrícolas que favorecem a cultura do grão-de-bico. Devido às suas numerosas aplicações, o grão-de-bico é preferido entre as leguminosas, acima das leguminosas alimentares, em algumas regiões. Nos últimos anos, os nutricionistas que trabalham nos sectores da alimentação e da saúde em vários países voltaram a salientar a importância nutricional do grão-de-bico em termos de nutrição e saúde física. Com uma produção média anual de cerca de 11,5 milhões de toneladas e a maior parte da produção concentrada na Índia, a produção ocupa o terceiro lugar a seguir ao feijão.

O grão-de-bico é classificado como leguminosa e leguminosa devido às suas caraterísticas botânicas e à sua utilização comum em contextos culinários (Jukanti et al., 2020; Kumari et al., 2020). As plantas da família Fabaceae, geralmente designadas por família Leguminosae, são classificadas como leguminosas. Várias plantas que produzem vagens de sementes são membros desta família. Esta família inclui o grão-de-bico. As leguminosas têm uma conhecida interação simbiótica com bactérias fixadoras de azoto que lhes permite fixar o azoto atmosférico. Tal como outras leguminosas, o grão-de-bico contém nódulos nas suas raízes onde residem estas bactérias úteis, permitindo-lhes utilizar o azoto atmosférico para reabastecer o solo. Por outro lado, o termo "leguminosa" refere-se às sementes palatáveis das leguminosas. As sementes das leguminosas, ricas em proteínas, são colhidas e consumidas. Uma das leguminosas que é frequentemente consumida em todo o mundo é o grão-de-bico. Normalmente, são secas, seguidas de processamento ou cozedura, antes de serem utilizadas numa variedade de preparações culinárias.

Outros exemplos de leguminosas incluem as lentilhas, o feijão seco e as ervilhas secas. Devido ao seu estatuto na família Leguminosae e à sua capacidade de fixar azoto, o grão-de-bico é considerado um tipo de leguminosa. Uma vez que as suas sementes são recolhidas, secas e consumidas pelo seu conteúdo nutricional, são também classificadas como leguminosas. Esta dupla classificação reflecte tanto as suas caraterísticas botânicas como a sua utilização prática como cultura de sementes comestíveis. O grão-de-bico é único devido ao seu elevado nível de conteúdo proteico, que representa quase 40% do seu peso (Merga et al., 2019). Além disso, a cultura do grão-de-bico pode ter benefícios para a saúde (Leterme et al., 2002). O grão-de-bico é uma excelente fonte de calorias, proteínas, minerais, vitaminas, fibras e fitoquímicos que podem ter benefícios para a saúde. As leguminosas de grão são frequentemente referidas como a "carne dos pobres", uma vez que são uma fonte essencial de alimentos para milhões de pessoas em países empobrecidos. As leguminosas são fontes essenciais de proteínas, cálcio, ferro, fósforo e outros minerais; assim, os vegetarianos comem muitas delas porque a sua outra dieta não contém muitas proteínas. Em muitos sistemas agrícolas, as leguminosas são culturas versáteis que são usadas diretamente como alimento, em diferentes formas processadas. Devido à sua função de fixação do azoto, as leguminosas são frequentemente cultivadas em rotação com os cereais.

2.2 Processamento de pulsos

2.2.1 Tipos de processamento

São efectuados três tipos de processamento nos impulsos:

2.2.2 Transformação primária das leguminosas

Antes do processamento das leguminosas, o primeiro passo é a limpeza. As leguminosas contêm uma série de partículas estranhas durante a colheita, que incluem pó, pedras, ervas daninhas, sementes, etc. Isto é feito com diferentes equipamentos de limpeza, como destonador, limpador por gravidade, limpador em espiral, separador magnético, etc. Antes da transformação, são efectuados diferentes tratamentos de pré-moagem às leguminosas. É o chamado condicionamento do grão. Este tratamento é efectuado para soltar a casca do cotilédone, que está fortemente ligado por gomas e mucilagem, e facilita a remoção da casca, aumenta a facilidade de moagem e reduz a quebra (Singh, .2017)

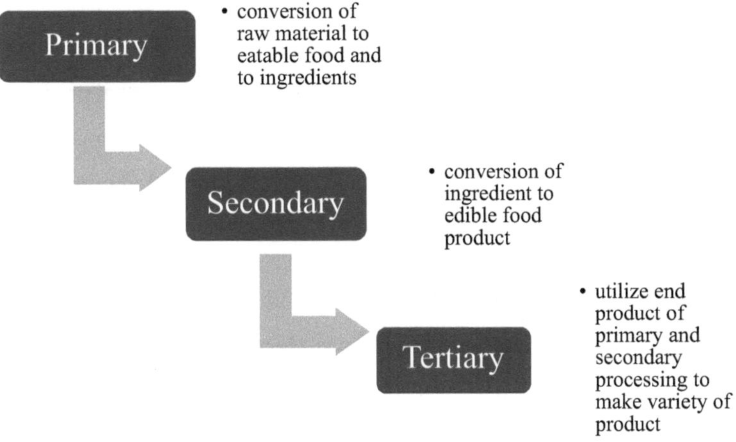

Figura 2.3 Processamento primário, secundário e terciário de leguminosas

a) Moagem húmida - É feita principalmente para inchar o revestimento da semente e facilitar a remoção da casca. Os grãos são embebidos em água e . A moagem por via húmida tem a vantagem de provocar menos rupturas, facilitando o descasque e a divisão dos cotilédones. O método também exige muita mão de obra e depende completamente das condições climáticas para secar as sementes embebidas, o que afecta negativamente a qualidade da cozedura (Goyal et al., 2015).

b) Moagem por via seca - Os métodos por via seca incluem a picagem dos grãos, também designada por escarificação, e a aplicação de óleo e água. Os grãos sem caroço foram cuidadosamente misturados com cerca de 1% de óleo e espalhados numa camada espessa para secagem ao sol nos estaleiros de secagem durante 2-5 dias. Os grãos foram amontoados durante a noite para preservar o calor (Goyal et al.,2015) . Após a secagem, 2-3% de água é pulverizada antes da moagem e passada pelo descascador. Diz-se que este método produz dhal que cozinha mais rapidamente do que o dhal produzido pelo método húmido. O principal problema deste método são as elevadas perdas de descasque devido à elevada quebra e pulverização (Goyal et al., .2015)

c) Tratamento do óleo - O óleo contém ácidos gordos livres neutros. Os grupos polares negativamente alterados das gorduras podem interagir com proteínas positivamente carregadas e causar o afrouxamento da membrana. As proteínas da membrana lipídica encontram-se na periferia da bicamada lipídica ou impregnadas . A entrada de óleo pode deslocar as proteínas da superfície da bicamada, causando o afrouxamento da membrana. Este facto afrouxará a força de ligação entre a casca e os cotilédones. Os grupos polares dos óleos podem interagir com os catiões presentes na vizinhança da membrana e causar o afrouxamento da casca. Há formação de um espaço poroso por baixo da casca e dos cotilédones (Goyal et al., 2015).

d) Tratamento químico - Os tratamentos químicos também revelam uma recuperação como os métodos tradicionais. A utilização de bicarbonato de sódio, carbonato de sódio, hidróxido de sódio, ácido acético e amoníaco como substituto do óleo vegetal no processo tradicional revelou uma melhoria considerável no rendimento do dhal quando se bicarbonato de sódio. Este tratamento envolve a imersão dos grãos em solução de bicarbonato de sódio (4-6%) durante 0,5-1,0 horas, seguida de secagem a 65°C até 10-15% de humidade (Singh, .2012)
e) Tratamento térmico - Os grãos são acondicionados num secador com ar quente a cerca de 120°C durante um certo período, estando os grãos a uma temperatura de 80°C. Em seguida, os grãos são temperados em silos de têmpera. As cascas podem ser facilmente removidas por estes métodos porque os cotilédones encolhem mais do que as cascas, o que facilita a remoção das cascas.
f) Tratamento enzimático - As enzimas comestíveis podem também ser utilizadas como agente de desprendimento da casca. O tratamento enzimático implica a utilização de enzimas que podem quebrar a nitrocelulose, as pentoses, as hexoses, etc., presentes no

gérmen da da semente. Enzimas como a xilanase e a protease são utilizadas para descascar leguminosas como a grama verde e a grama preta. As xilanases facilitam o descasque através da degradação de polissacáridos não amiláceos, enquanto as proteases actuam na parede celular das proteínas (Singh,2012) . Também se um aumento da digestibilidade das proteínas e uma redução de 37-40% do tempo de cozedura. Além disso, este dhal provoca menos flatulência devido à fermentação, que decompõe os polissacáridos responsáveis pela flatulência em muitas pessoas (Goyal et al.,2015)

De acordo com Ravi e Harte (2009), a moagem húmida demonstrou proporcionar um maior rendimento de dhal do que a moagem a seco, e isto foi verdade para ambas as cultivares. A moagem húmida produziu um aumento de rendimento de 2-4%. Descobriu-se que o grão-de-bico Desi tem o maior rendimento de dhal dos
cultivares em moagem seca e húmida. Descobriu-se que os níveis de gordura, cinzas e proteínas eram maiores no grão-de-bico Kabuli do que no grão-de-bico Desi, sendo os valores correspondentes 5,3%, 3,5% e 24,9% para o Kabuli e 4,3%, 2,2% e 22,6% para o grão-de-bico Desi. As leguminosas como o feijão bóer, a grama preta e o feijão mungo, que têm cascas mais duras, necessitam de uma maior quantidade de tratamento com óleo ou água. Por outro lado, leguminosas como o grão-de-bico, a lentilha e as ervilhas com cascas facilmente removíveis requerem menos tempo de secagem e menos instâncias de tratamento com óleo ou água (Tiwari e Singh, 2012).

Quadro 2.1 Processo e benefícios de diferentes tratamentos de moagem

Tratamento pré-moagem	Processo	Benefícios
Moagem húmida	• Os grãos são embebidos em água e incham	• Facilitar a remoção da casca • Reduz a quebra
Moagem a seco	• Aplicação de óleo e água	• Produzir dhal que cozinha mais rapidamente do que o dhal produzido pelo método húmido.
Tratamento do óleo	• A entrada de óleo pode deslocar as proteínas da superfície da bicamada, causando o afrouxamento da membrana	• Este processo solta a força de ligação entre a casca e os cotilédones
Tratamento químico	• Utilização de bicarbonato de sódio, carbonato de sódio, hidróxido de sódio, ácido acético e amoníaco	• Melhoria considerável do rendimento do dhal
Tratamento térmico	• Os grãos são acondicionados com ar quente (120°C)	• Remoção fácil do casco.
Tratamento enzimático	• As enzimas comestíveis são utilizadas como agentes de desprendimento da casca. • São utilizadas xilanase e protease	• Aumento da digestibilidade das proteínas. • Redução do tempo de cozedura • O produto Dhal provoca menos flatulência

2.2.3 Descasque

O descasque refere-se à remoção do casco das leguminosas para fazer "splits", também conhecidos como dhal, e moê-los para fazer farinha de leguminosas. O descasque é a terceira maior indústria de transformação de alimentos, a seguir à moagem de arroz e à moagem de trigo; mais de 75% das leguminosas são convertidas em pedaços (Tiwari e Singh,2012) . Independentemente da técnica de pré-tratamento utilizada, as leguminosas são descascadas para o fabrico de dhal com equipamento abrasivo quando o grão atinge um nível de humidade de cerca de 10%.

2.2.4 Divisão dos impulsos

O descasque produz pulsos descascados e alguns pedaços descascados. Estes pedaços inteiros descascados são chamados gota. Para obter uma divisão perfeita, procede-se à divisão. A divisão é efectuada por meio de uma máquina de rolos, de um de discos com rodízio e de um moinho de atrito. Os rolos horizontais ou inclinados são utilizados para dividir o grão verde, as lentilhas, o feijão bóer, o grão-de-bico (Tiwari e Singh,2012) . O grão-de-bico é uma leguminosa fácil de moer, não requer qualquer aplicação de óleo para soltar a casca. A divisão é efectuada através do tratamento do grão com água numa proporção de 1:2:5 a 3,0, seguido de têmpera durante 12 horas. No caso do feijão-mungo, é difícil remover a casca devido à elevada aderência aos cotilédones. Além disso, a casca tem uma textura escorregadia. Por isso, é necessário um tratamento com óleo para uma separação adequada. No caso do feijão-mungo, procede-se à picagem, à aplicação de óleo e à secagem ao sol. A perda no feijão-mungo é maior do que noutras leguminosas devido ao seu fino revestimento de sementes

2.2.5 Polimento

Dependendo das preferências do cliente, as leguminosas são polidas com óleo alimentar e alguma quantidade de água. Esta é a fase final da transformação das leguminosas.

2.3 Moagem do grão-de-bico

O processo de moagem ou trituração do grão-de-bico seco até à obtenção de um pó fino ou de uma farinha é designado por moagem. Durante a moagem, a farinha e a casca do grão-de-bico são separadas. A farinha de grão-de-bico, também conhecida como farinha de grama ou besan, é um ingrediente versátil comummente utilizado em várias cozinhas de todo o mundo. É um ingrediente básico em muitos pratos indianos, do Médio Oriente e do Mediterrâneo.

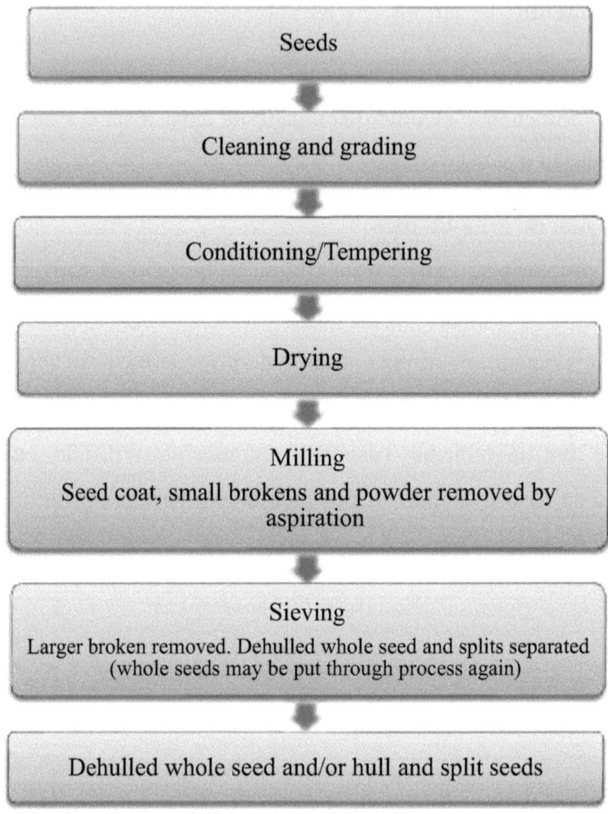

Figura 2.4 Fluxograma do processo de moagem do grão-de-bico

2.4 Divisão do grão-de-bico e seu subproduto.

Os cotilédones das sementes secas, excluindo o invólucro da semente, são designados por dhal. Na Índia e noutros países asiáticos, o grão-de-bico é também consumido como dhal. O dhal é popular porque demora menos tempo a preparar, com um aspeto, textura, palatabilidade, digestibilidade e qualidade nutricional geral aceitáveis. Quando a semente de grão-de-bico é processada para fazer dhal, a sua recuperação varia entre

70 e 75% (Narasimha et al., 2003). O subproduto (25- 30%) (chuni) restante é utilizado como uma fonte fiável de fibras para o gado. Este subproduto consiste tipicamente em 3-8% de cotilédones partidos, 5,5 - 6,1% de pó e 15% de casca (Goyal et al., 2005). O chuni é utilizado pelos proprietários de lacticínios ou pelas fábricas de rações para preparar a alimentação do gado. O pó, bem como os cotilédones partidos, são fontes úteis de proteínas para o gado e as aves de capoeira e são comprados a um preço melhor. De acordo com estudos, os subprodutos da moagem obtidos a partir da transformação de cereais e leguminosas contêm mais nutrientes do que os grãos transformados (Chakraborty et al., 2022).

Inam et al., (2010) estudaram os efeitos da casca de grão-de-bico nas propriedades de cozedura dos chapattis. Os chapattis foram preparados incorporando casca de grão-de-bico e vários níveis de sal, fermento em pó e água. A qualidade dos chapattis foi avaliada. Os chapattis incorporados com 5% de casca extraída foram considerados os melhores. Dida et al., (2018) estudaram três técnicas de processamento convencionais que são frequentemente utilizadas: imersão, fervura e fermentação. O objetivo do estudo era saber como estes processos alteram o valor nutricional e os componentes antinutricionais do grão-de-bico. Os estudos anteriores mostraram alterações nas quantidades de substâncias antinutricionais como o ácido fítico, taninos e inibidores de tripsina, bem como na composição de minerais e proteínas. Os resultados da investigação mostram que as três técnicas de transformação tiveram um impacto substancial no conteúdo nutricional e nos elementos antinutricionais do grão-de-bico. Os elementos antinutricionais como o ácido fítico e os taninos, conhecidos por impedirem a digestão de proteínas e minerais, foram reduzidos devido ao processo de demolha

Estes elementos anti-nutricionais também demonstraram diminuir durante a fervura e a fermentação. Além disso, a digestibilidade das proteínas e a disponibilidade de minerais foram aumentadas pelas três técnicas de processamento. O ferro, o zinco e o cálcio conseguiram ter uma melhor biodisponibilidade, uma vez que os componentes antinutricionais foram reduzidos pela transformação. Os resultados sublinham o valor das técnicas de transformação convencionais no aumento do valor nutricional do grão-de-bico. O conteúdo nutricional do grão-de-bico foi melhorado por demolha, fervura e fermentação, o que reduziu os elementos antinutricionais e aumentou a sua aptidão para o consumo humano (Soetan et al., (2009).

2.5 Componentes antinutricionais da casca de grão-de-bico

A casca de grão-de-bico, também conhecida como farelo ou palha de grão-de-bico, é a camada exterior que cobre a semente de grão-de-bico. Embora a casca de grão-de-bico seja uma fonte rica em fibras alimentares e outros compostos benéficos, também contém certos componentes antinutricionais que podem ter efeitos adversos na saúde humana

2.5.1 Ácido fítico

Um produto químico conhecido como ácido fítico, muitas vezes referido como hexafosfato de inositol (IP6), é um componente antinutricional encontrado na casca de leguminosas como o grão-de-bico e outros grãos de leguminosas, bem como em muitas outras dietas à base de plantas (Gemede, 2014). Sabe-se que os antinutrientes, como os fitatos nos alimentos, se ligam a minerais essenciais (como o cálcio, o ferro, o magnésio e o zinco) no trato digestivo, resultando em deficiências minerais.

O ácido fítico tem uma elevada afinidade para os minerais, incluindo o cálcio, o magnésio, o ferro e o zinco. Pode ligar-se a estes minerais e criar complexos insolúveis quando ingerido em grandes quantidades, diminuindo a sua biodisponibilidade e dificultando a sua absorção no sistema gastrointestinal. O consumo elevado de ácido fítico na dieta tem sido associado a deficiências de micronutrientes, como a anemia por deficiência de ferro e zinco, especialmente em culturas com dietas baseadas principalmente em alimentos vegetais (Sandberg et al., 2013). O ácido fítico é uma substância natural que está presente numa variedade de alimentos de origem vegetal, incluindo a casca de grão-de-bico. Funciona como um quelante, ligando-se a minerais importantes como o cálcio, o ferro e o zinco e diminuindo a sua biodisponibilidade quando ingerido por seres humanos. De acordo com Kumar et al. (2015), o ácido fítico pode impedir a absorção de minerais e levar a carências de micronutrientes.

2.5.2 Tanni ns

Os taninos são uma classe de substâncias polifenólicas que estão presentes numa variedade de tecidos vegetais, incluindo a casca do grão-de-bico. Estas substâncias podem dificultar a digestão das proteínas e diminuir a sua biodisponibilidade. De acordo com Rebello et al. (2017), os taninos podem também suprimir as enzimas digestivas, incluindo a tripsina e a amilase, o que prejudica a absorção dos nutrientes. Uma substância polifenólica natural conhecida como tanino, vulgarmente designada por ácido tânico, está presente em muitos tecidos vegetais, incluindo a casca do grão-de-bico.

O ácido tânico pode impedir a degradação das proteínas, ligando-se a elas e criando complexos que são resistentes à destruição enzimática. Esta interferência pode provocar uma redução da digestibilidade e da biodisponibilidade das proteínas.

O ácido tânico também pode impedir a ação de enzimas digestivas como a tripsina e a amilase. A digestão e a absorção de nutrientes, como proteínas e hidratos de carbono, podem ser afectadas por esta inibição. O ácido tânico, que pode ser encontrado em alimentos como a casca de grão-de-bico e outras refeições à base de plantas, tem sido associado a efeitos antinutricionais em animais, tais como redução da absorção de nutrientes e atraso no desenvolvimento. As substâncias antinutricionais presentes na casca de grão-de-bico podem ser reduzidas ou eliminadas através de vários métodos de transformação, como a demolha, a cozedura e a fermentação, que são normalmente utilizados antes do consumo. Estes métodos podem melhorar significativamente a qualidade nutricional e a digestibilidade do grão-de-bico (Bressani et al., (2003).

2.6 Efeito do pré-tratamento nos componentes antinutricionais da casca de grão-de-bico

2.6.1 Imersão

Para diminuir os elementos antinutricionais e melhorar o conteúdo nutricional das leguminosas, especialmente do grão-de-bico, o tratamento de demolha, também conhecido como hidratação, é uma técnica frequentemente utilizada. Estudos anteriores mostraram um efeito positivo da demolha em vários componentes anti-nutricionais da casca de grão-de-bico, que são discutidos

Adeleke et al., (2017) investiga o impacto da imersão e da fervura nos níveis de componentes anti-nutricionais, conteúdo de oligossacarídeos e digestibilidade de proteínas em cultivares recém-desenvolvidas de amendoim de Bambara. O estudo tem como objetivo avaliar a eficácia destes métodos tradicionais de processamento na redução dos componentes anti-nutricionais e na melhoria da qualidade nutricional do amendoim de Bambara. De acordo com os resultados, os componentes anti-nutricionais foram drasticamente reduzidos pela demolha (Chauhan et al., 2016). As reduções significativas nas concentrações de tanino e ácido fítico sugerem uma melhor disponibilidade nutricional. Além disso, a demolha levou a uma diminuição substancial do teor de oligossacáridos, o que pode aliviar os problemas digestivos associados ao seu consumo.

2.6.2 Secagem

O material é seco quando a humidade ou o teor de água é removido, baixando o teor de humidade da substância. A secagem dos alimentos prolonga o seu prazo de validade ao inibir o crescimento de bactérias, leveduras e bolores através da remoção da humidade. Também reduz o risco de doenças de origem alimentar causadas por bactérias como *a Salmonella* ou a E. *coli*. Além disso, a remoção da água dos produtos alimentares reduz o peso e o volume, tornando o transporte e o armazenamento mais eficientes. Os alimentos secos são leves, compactos e ideais para actividades ao ar livre com refrigeração ou instalações de cozinha limitadas. Embora alguns nutrientes possam ser perdidos, os métodos de secagem adequados preservam o valor nutricional, concentrando certos nutrientes em porções mais pequenas. A secagem também pode melhorar o sabor, intensificando a doçura natural dos frutos ou concentrando os sabores das ervas e especiarias. A secagem permite a disponibilidade e acessibilidade de alimentos sazonais durante todo o ano, especialmente em regiões com disponibilidade limitada de produtos frescos (Brooker et al., 1992).

2.7 Papel dos ingredientes na preparação de bolachas

As bolachas podem ser preparadas de várias formas e com vários componentes, incluindo açúcar, especiarias, chocolate, manteiga, manteiga de amendoim, amêndoas e frutos secos, entre outros. A suavidade das bolachas pode variar consoante o tempo de cozedura. Os ingredientes utilizados no fabrico de bolachas têm impacto no seu tamanho, cor e caraterísticas sensoriais. Alguns componentes podem conferir às bolachas um sabor e uma textura favoráveis. As bolachas dividem-se em duas categorias principais: bolachas macias e bolachas duras. Em contraste com as bolachas duras, que têm muito pouca humidade e produzem bolachas estaladiças e quebradiças, as bolachas macias têm mais líquidos para fornecer a estrutura necessária, ou seja, humidade e suavidade. Cada componente utilizado para fazer bolachas tem certas qualidades únicas que afectam o resultado final (Pareyt et al., (2008).

2.7.1. Farinha

O ingrediente principal que dá estrutura e liga todos os outros elementos necessários para fazer bolachas é a farinha. O tipo de farinha utilizado para fazer bolachas também tem um impacto na sua capacidade de espalhar. Em comparação com a farinha macia, a farinha dura pode resultar num menor espalhamento das bolachas.

2.7.2 Gordura

A gordura vegetal, composta por cristais de gordura sólidos e óleo líquido, proporciona plasticidade à massa, formando uma matriz tridimensional. Afecta a textura das bolachas, regulando o desenvolvimento do glúten, tornando-as mais macias ou mais tenras. A plasticidade da gordura vegetal é fundamental para a captura e retenção de ar durante a fase de formação de creme (Jacob e Leelavathi, 2007). A gordura vegetal também desempenha um papel crucial no arejamento, ao reter o ar, resultando numa textura fina e uniforme do miolo. Os cristais da gordura vegetal estabilizam as bolhas de ar, que se expandem sem se romperem durante a cozedura. Além disso, a gordura vegetal facilita as propriedades de espalhamento das bolachas, mantendo a humidade. Confere suavidade, limita o desenvolvimento do glúten e contribui para uma textura leve e fácil de barrar. A utilização de mais gordura pode aumentar os valores de espalhamento nas bolachas.

2.7.3 Açúcar

O açúcar confere a cor, o aroma e o sabor das bolachas durante a cozedura. A granulação do açúcar é diretamente proporcional à capacidade de barrar das bolachas. Quanto maior for a granulação, mais a bolacha hará. Pelo contrário, quanto mais fina for a granulação, menos a bolacha se espalhará. O açúcar em pó é utilizado quando é necessário um interior compacto de granulação fina com um mínimo de espalhamento.

2.7.4. Água

A água tem muitas funções na panificação. Actua como um solvente para dissolver o sal, o açúcar e o fermento em pó. A água pode, portanto, servir como agente de fermentação, amaciador, estabilizador e regulador da fermentação. A hidratação do glúten é necessária para a criação de redes de massa e para a gelatinização do amido.

2.7.5 Agentes de fermentação

Os fermentos químicos ajudam a gerir a propagação, o volume e a incentivar a cor correta das bolachas, regulando o pH (acidez ou alcalinidade) da massa. O fermento em pó contém uma mistura de ácido, alcalino e amido em proporções corretas para evitar a formação de grumos durante o armazenamento. Proporciona as propriedades texturais desejáveis às bolachas. O fermento em pó produz gás dióxido de carbono numa massa ou num batedor através de uma reação ácido-base. As bolhas criadas ajudam a expandir a mistura, fermentando assim o produto quando aquecido. O bicarbonato de sódio é um sal alcalino e pode ser adicionado sozinho ou como um componente do fermento em pó para a formulação de biscoitos. O álcali reduz o ponto de caramelização do açúcar, fazendo com que a crosta doure mais rápida e intensamente (Sung et al., (2017).

2.7.6 Papel da fibra alimentar na preparação de biscoitos

A fibra alimentar desempenha um papel significativo na formação de bolachas, uma vez que afecta a textura, a estrutura e a qualidade geral das bolachas (Ashwath et al., 2021). Absorve a humidade, contribuindo para bolachas mastigáveis e húmidas, mas o excesso de fibra pode resultar numa textura mais seca. A fibra melhora as propriedades de ligação, dando às bolachas mais volume e estrutura, e cria bolsas de ar durante a mistura, resultando numa textura mais leve. Também ajuda a aumentar e a espalhar uniformemente durante a cozedura. A incorporação de fibra alimentar nos produtos alimentares melhora o seu conteúdo nutricional, promovendo a saciedade, a digestão e o controlo do açúcar no sangue (Figuerola et al., 2005). Também contribui para o controlo do peso e para um coração saudável. A fibra alimentar é constituída por vários componentes, como a celulose, hemicelulose, pectina, lignina e gomas, que oferecem benefícios adicionais para a saúde, como a redução do colesterol e dos níveis de LDL, problemas do aparelho digestivo e o risco de cancro do cólon. Ao adicionar fibra alimentar às bolachas, os fabricantes podem criar produtos mais saudáveis e apelativos que se alinham com o interesse dos consumidores em alimentos nutritivos e funcionais (Baker et al., 2022). Vários métodos, incluindo a seleção de ingredientes, a otimização da formulação e as técnicas de processamento, podem ser utilizados para obter bolachas com fibra alimentar adicionada que satisfaçam as expectativas dos consumidores. No geral, a inclusão de fibra alimentar nas bolachas não só melhora o seu valor nutricional, como também contribui para uma melhor saúde digestiva, controlo de peso e prevenção de doenças.

CAPÍTULO 3

MATERIAIS E MÉTODOS

Este capítulo trata da metodologia seguida para completar o presente trabalho de investigação intitulado tratamento da casca de grão-de-bico, caraterização e utilização em biscoitos. A investigação foi iniciada e finalizada no Departamento de Engenharia e Tecnologia Alimentar, Sant Longowal Institute of Engineering and Technology (SLIET), Longowal, Sangrur, durante o ano de 2022-23.

3.1 Seleção das matérias-primas e preparação das amostras

A casca do grão-de-bico foi adquirida no moinho de chakki ou dhal em Longowal. As partículas estranhas foram removidas da casca. A embalagem de 2 kg de grão-de-bico foi moída e a casca foi recolhida (R1). A torrefação em areia do grão-de-bico foi feita a cerca de 150-180ºC durante 20 minutos. A casca foi removida manualmente (R2). Em seguida, ambas as amostras de casca obtidas foram moídas em partículas finas utilizando um moinho de farinha disponível no Departamento de Engenharia e Tecnologia Alimentar, SLIET. As amostras são embaladas em sacos com fecho de correr. O fluxograma completo do processo de preparação das amostras foi concebido da seguinte forma

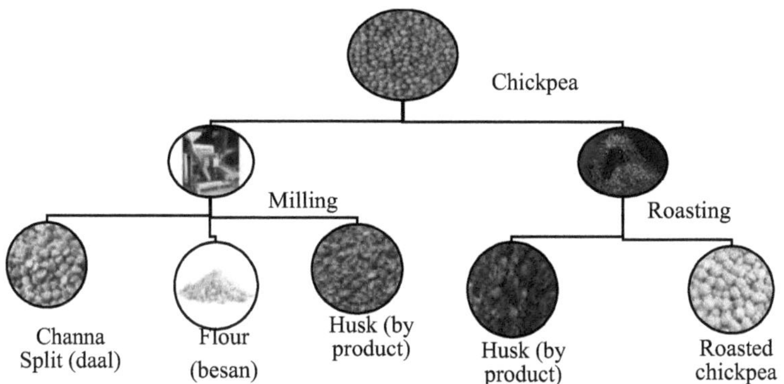

Figura 3.1 Fluxograma da preparação da amostra

3.2 Composição proximal da casca de grão-de-bico crua e torrada

A composição proximal da casca de grão-de-bico foi determinada utilizando um método normalizado (AOAC, 2006). Foi utilizado o método da diferença para obter o teor de hidratos de carbono.

3.2.1 Teor de humidade

O teor de humidade foi determinado utilizando a metodologia recomendada pela AOAC (2006). Uma placa de Petri previamente pesada foi preenchida com 5 g de pó de casca de grão-de-bico cuidadosamente pesado. A amostra contendo a placa de Petri foi colocada numa estufa de ar quente a 105°C até se um peso constante. A placa de Petri foi então pesada após arrefecimento num exsicador. A humidade foi estimada seguinte forma

$$\text{Teor de humidade (\%)} = \frac{(W_2 - W)}{(W_1 - W)} \times 100 \quad (1)$$

Onde, W é o peso da placa de Petri vazia (g), W_1 é o peso da placa de Petri com a amostra antes da secagem (g), W_2 é o peso da placa de Petri com a amostra após secagem até peso constante (g).

3.2.2 Teor de cinzas

O teor de cinzas foi determinado pelo método AOAC (2006). Num cadinho de porcelana previamente tarado, colocaram-se 2 g de amostra em pó, que foi queimada numa chama de gás até ao desaparecimento de todo o fumo. A amostra foi então transferida para uma mufla regulada a 600 °C. A amostra foi queimada e retirada da câmara até se cinzas brancas. Em seguida, o cadinho foi arrefecido à temperatura ambiente e, por fim, foi recolhida a cinza com o peso do cadinho. Utilizou-se a seguinte fórmula para determinar as cinzas.

$$\text{Cinzas (\%)} = \frac{W_3 - W_2}{W_1} \times 100 \quad (2)$$

Onde, W_1 é o peso inicial da amostra (g), W_2 é o peso do cadinho vazio (g), e W_3 é o peso das cinzas com o cadinho (g)

3.2.3 Teor de matéria gorda bruta

Para determinar o teor de matéria gorda, foi utilizada a técnica AOAC (2005). O primeiro passo consistiu em recolher uma amostra de 2 g de pó num dedal e fechar a parte superior com algodão. O dedal foi então colocado na câmara de extração de gordura, que estava ligada a um balão de fundo redondo. Foram adicionados cerca de 150 ml de hexano à amostra, que foi então submetida a refluxo durante 6 horas. Depois , o dedal foi retirado do aparelho e utilizou-se a destilação para recuperar a maior parte do solvente. O hexano remanescente no balão foi então evaporado durante uma hora a 100° C num banho de água. Após arrefecimento, o conteúdo foi pesado. A fórmula seguinte foi utilizada para obter o teor de matéria gorda bruta:

$$\text{Matéria gorda bruta (\%)} = \frac{W_2 - W_1}{W} \quad (3)$$

Onde,

W_1 representa o peso do balão de fundo redondo vazio (g),

W_2 representa o peso do frasco e do extrato (g)

W representa o peso inicial da amostra (g).

3.2.4 Teor de proteínas brutas

Para determinar o teor de proteínas da casca de grão-de-bico, utilizou-se a técnica de Kjeldhal e o equipamento Kjeldhal (Kelplus Kes 12L para a digestão e Kelplus Supra XL para a destilação). Foi utilizado um tubo de digestão com 5 g da mistura de digestão. Para preparar a mistura de digestão, utilizaram-se sulfato de potássio (4,17 g) e sulfato de cobre (0,8 g). No tubo de digestão, 1 g de amostra desengordurada foi combinado com 15 ml de ácido sulfúrico e aquecido a 350 °C durante uma hora. O tubo de digestão foi então deixado no local durante mais duas horas a 450°C. A mistura torna-se límpida e incolor a esta temperatura. Após a adição de 40% de NaOH, o líquido foi arrefecido suavemente com a adição de 20 ml de água destilada. Após destilação, o amoníaco libertado foi captado em ácido bórico a 4%, utilizando o indicador verde de bromocresol a 1% mais vermelho de metilo a 0,1% (1:2)). O amoníaco libertado provocou a mudança de cor do ácido bórico de púrpura para verde azulado. Para eliminar a coloração púrpura, titulou-se o ácido bórico com HCl 0,1N

$$\text{Teor proteico (\%)} = \text{Azoto (\%)} \times \text{fator de conversão (6,25)} \quad (4)$$

3.2.5 Teor de fibra bruta

Para determinar o teor de fibras, foi utilizado o método AOAC (2005). Num frasco cónico, foi colhida uma amostra de casca de grão-de-bico (2 g). A amostra foi cozinhada com 200 ml de ácido sulfúrico a 1,25%

durante 30 minutos. Depois de arrefecida, a amostra foi filtrada através de papel de filtro sem cinzas e cuidadosamente lavada em água a ferver até o ácido ser removido. A amostra foi então cozinhada durante mais 30 minutos com 200 ml de NaOH. O resíduo foi completamente limpo com água, colocado num cadinho de sílica, seco a uma temperatura de 105± 1°C e depois colocado num exsicador. O teor foi novamente medido após arrefecimento. Em seguida, o cadinho foi transferido para uma mufla e aquecido a 550°C até que todos os compostos contendo carbono fossem queimados. Após a incineração, o cadinho foi colocado num exsicador para arrefecimento e, em seguida, novamente pesado. A quantidade de fibra bruta foi calculada através da fórmula seguinte:

$$\text{Fibra bruta (\%)} = \frac{W_1 - W_2}{W} \times 100 \quad (5$$

Em que W_1 é o peso do cadinho mais o peso da amostra seca na estufa (g), W_2 é o peso do cadinho mais o peso da amostra após incineração (g) e W é o peso inicial da amostra (g).

3.2.6 Hidratos de carbono

O método da diferença foi utilizado para calcular o teor de hidratos de carbono. A soma de todas as percentagens de humidade, gordura, proteína bruta, cinzas e fibra bruta foi subtraída de 100% para estimar o teor de hidratos de carbono (Gupta et al., 2019). A quantidade de hidratos de carbono foi calculada como:

$$\text{\% Hidratos de carbono} = 100 - (\text{\%MC} + \text{\%gordura} + \text{\%cinzas} + \text{\%proteínas} + \text{\%fibra bruta}) \quad (6)$$

3.2.7 Valor energético

O valor calórico da amostra foi calculado utilizando o "fator Atwater", multiplicando os valores de proteína bruta, lípidos e hidratos de carbono por 3,99, 9,1 e 3,99, respetivamente, e obtendo a soma do produto (Sultana, 2020).

3.3 Composição química da casca de grão-de-bico

3.3.1

Nos copos que contêm a amostra de ensaio, foram adicionados 15 ml de ácido sulfúrico a 72% frio (10 a 15°C). O ácido foi adicionado gradualmente e o material foi macerado com uma vareta de vidro. Depois de dispersar a amostra, o copo foi coberto com um vidro de relógio e mantido num banho de água a 20± 1°C durante 2 horas. Colocaram-se cerca de 300 a 400 ml de água num balão e transferiu-se o material do copo para o balão. A concentração de ácido sulfúrico foi reduzida para 3%. A solução foi fervida durante 4 horas, mantendo-se o volume constante com um condensador de refluxo. O balão foi mantido imóvel durante a noite para que o material insolúvel depositasse. Sem agitar o precipitado, a solução sobrenadante foi decantada. A lenhina obtida após a filtração é seca na estufa e depois conservada num exsicador. Pesar o cadinho e voltar a colocá-lo na estufa, repetindo-se o procedimento até se obter um peso constante (TAPPI T-222).

3.3.2

Após a extração por solventes, a casca de grão-de-bico foi colocada num Erlenmeyer. No mesmo balão, foram adicionados 150 ml de água, seguidos de 1,5 g de cloreto de sódio e 0,5 ml de ácido acético. A temperatura da estufa foi fixada em 70°C durante 1 hora, depois adicionou-se 1,5 g de cloreto de sódio e 0,5 ml de ácido acético e aqueceuse novamente. O procedimento foi repetido durante 3 horas. O Erlenmeyer foi retirado e o conteúdo foi filtrado. O filtrado foi rejeitado e o resíduo sólido foi lavado com água destilada. Repetiu-se a lavagem até ao desaparecimento do odor e da cor amarelada e, em seguida, lavou-se com acetona. Em seguida, a casca de grão-de-bico foi colocada numa placa de Petri e levada à estufa a uma temperatura de 105°C durante 3 horas e o peso foi verificado em . O processo foi repetido até se obter um peso constante (Adams et al., 1948).

3.3.3

Preparou-se uma solução de NaOH a 17,5% num copo alto de 300 ml. Adicionou-se casca de grão-de-bico em 100 ml de NaOH a 17,5%. Em seguida, agitou-se corretamente com o aparelho até à sua completa dispersão. A agitação foi efectuada continuamente em palhinha a 25° C durante 30 minutos e, em seguida, foram adicionados 100 ml de água destilada. Novamente, manteve-se em banho-maria durante mais 30 minutos. Ao fim de 60 minutos, . Recolheu-se o filtrado, tendo sido retirados 25 ml do filtrado. De seguida, colocaram-se 10 ml de solução de dicromato de potássio 0,5N num balão de 250 ml e adicionaram-se 50 ml de H_2SO_4 . Durante 15 minutos, a solução foi mantida quente, depois adicionaram-se 50 ml de água e arrefeceu-se à temperatura ambiente. Adicionaram-se apenas 2-3 gotas de indicador de ferroína e procedeu-se à titulação com uma solução 0,1N de sulfato ferroso de amónio até se obter uma cor púrpura. Foi preparado um branco substituindo 12,5 ml de NaOH a 17,5% e 12,5 ml de filtrado de polpa (TAPPI T-203 0S-61).

3.4 Análise dos componentes anti-nutricionais

Os componentes antinutricionais são substâncias que ocorrem naturalmente e que podem afetar a utilização, a absorção ou o estado nutricional geral dos nutrientes. Podem estar presentes em alguns regimes alimentares. Ao diminuir a biodisponibilidade de nutrientes vitais ou ao produzir efeitos nocivos, estas variáveis podem ter um impacto negativo na saúde humana e animal.

3.4.1

O teor de taninos foi determinado por técnica espectrofotométrica. Pesou-se com exatidão uma amostra de 2 g, que foi dissolvida em 20 ml de água destilada. Agitou-se durante 30 minutos, de 5 em 5 minutos, em à temperatura ambiente. De seguida, centrifugou-se a 9000 rpm durante 15 minutos. Depois disso, o sobrenadante foi decantado. Em seguida, 5 ml do extrato sobrenadante foram dispersos num balão volumétrico de 100 ml. De igual modo, dispersaram-se 5 ml de solução-padrão de ácido tânico num balão volumétrico de 100 ml. Mediram-se 2 ml de reagente de Folin Denis em cada balão, seguidos de 5 ml de solução saturada de Na_2CO_3. A mistura foi diluída até à marca de 100 ml e incubada durante 90 minutos à temperatura ambiente. Em seguida, mediu-se a absorvância a 760 nm. A concentração de tanino foi de 0,1mg/ml (Prakash e Prasad, 2023)

$$\text{Teor de taninos (\%)} = \frac{A_{TS}/A_{SS} \times C \times 100}{W \times V_E/V_{EA}} \quad (7)$$

A_{TS}-Absorvância da amostra para ensaio

A_{SS}-Absorvância do padrão

C-Concentração do padrão

W-peso da amostra

V_E-Volume de extrato

V_{EA}-Volume de extrato analisado.

3.4.2 Ácido fítico

O ácido fítico foi determinado pelo método de titulação. Foram colhidas cerca de 0,2 g de amostra e dissolvidas em 100 ml de HCl concentrado a 2% durante 3 horas. Filtra-se e, em seguida, 50 ml do extrato são colocados num erlenmeyer de 250 ml. Adicionar 10 ml de água destilada. Adicionar 10 ml de solução de tiocianato de amónio a 0,3%. Titular com uma solução de cloreto férrico. Esta solução de cloreto férrico continha 0,00195 g de ferro/ml. Obtém-se uma cor amarela que persiste durante 5 minutos, o que constitui o ponto final (Prakash e Prasad, 2023).

$$\text{Ácido fítico} = \frac{\text{Titre Value} \times 0.00195 \times 1.19}{2} \tag{8}$$

3.5 Análise da atividade antioxidante

3.5.1 Determinação do teor fenólico total (TPC)

A abordagem espectrofotométrica foi utilizada para determinar o TPC (Wanyo et al., 2014). O extrato de casca de 0,5 ml foi retirado de 1 ml de l0% do reagente FC (Folin Ciocalteu), e 25 ml de 75% de $NaCO_3$ foram adicionados ao extrato. Em seguida, as amostras foram incubadas durante 45 minutos. Utilizando um espetrofotómetro, a absorvância foi calculada a um comprimento de onda de 765 nm. As amostras foram preparadas em triplicado e a absorvância próxima foi . A linha de calibração foi construída repetindo o processo utilizando a solução padrão de ácido gálico. De acordo com a absorvância medida, a concentração de equivalente de ácido gálico é indicada como mg de GA/g de extrato.

3.5.2 Determinação do teor de flavonóides totais (TFC)

A TFC foi determinada utilizando um método de ensaio de cloreto de alumínio modificado, conforme descrito por (Wanyo et al., 2014). Num tubo de ensaio, foram pipetados 2 ml de extrato, nos quais foram misturados 0,2 ml de nitrato de sódio ($NaNO_3$) a 5% e deixados em repouso durante 5 min. Foram 0,2 ml de cloreto de alumínio ($AlCl_3$), misturados no tubo e deixados em repouso durante 5 min. Seguiu-se a adição de 2 ml de hidróxido de sódio I N (NaOH) no tubo e, finalmente, o volume foi completado para 5 ml. Após 15 minutos, a absorvância foi medida a 510 nm contra um branco para o reagente. O resultado do teste foi correlacionado com a curva padrão de quercetina (20, 40, 60, 80 e 100 µg/ml) e o teor total de flavonóides é expresso em mg de equivalentes de quercetina (QE).

3.5.3 Determinação da atividade antioxidante

No teste de atividade de eliminação de radicais livres, 1 ml de extrato de amostra foi misturado com 2 ml de solução de 1,1-difenil-2-picrilhidrazil (DPPH) 0,1 mM recentemente preparada (100 mol/L em CH_3OH). A solução foi então incubada num local escuro a 25-35°C durante 30 minutos. Em seguida, a absorvância foi medida a 517 nm. Por fim, foi utilizada a seguinte fórmula para calcular a % de atividade de eliminação (Brand-Williams et al.,1995).

$$AA(\%)=\frac{Ac-As}{Ac} \times 100 \tag{9}$$

Onde, AA é a atividade antioxidante. A_c é a absorvância da solução de DPPH, e A_s é a absorvância da amostra em solução de DPPH.

3.6 Propriedades gravimétricas da de grão-de-bico

3.6.1 Densidade a granel ( )ρb

A densidade a granel do pó de casca de grão-de-bico foi medida medindo o volume ocupado pelo peso conhecido da amostra (20g). Oρb foi calculado utilizando a seguinte equação (Kambli et al., 2017).

$$\rho b = m/V \tag{10}$$

Onde m é a massa do pó (g) e V é o volume ocupado na

3.6.2 Densidade de contacto ( )ρt

A densidade batida foi medida pegando uma quantidade conhecida de amostra em um cilindro de medição e batendo manualmente até que não houvesse mudança no volume, e oρt foi calculado usando a seguinte equação (Kambli et al., 2017).

$$\rho t = m/Vt \tag{11}$$

Em que m é a massa de pó (g), Vt é o volume ocupado na proveta depois de batida.

3.6.3 Densidade real ( )ρT

A densidade real foi determinada pelo método de deslocamento do tolueno (C_7H_8). Adicionaram-se 25 g de amostra à proveta já cheia com 100 ml de solução de tolueno (Mishra et al., 1986).

$$\rho T= m/vT \tag{12}$$

m é a massa do pó (g), vT é o volume ocupado na

3.6.4 Porosidade (ε)

A porosidade do pó foi calculada com base nos valores das equações (10) e (12), utilizando o método de Ohwoavworhua et al(2007), do seguinte modo

$$\varepsilon = 1 - \frac{\rho b}{\rho T} \times 100 \tag{13}$$

3.6.5 Índice de Carr (IC) e rácio de Hausner (HR)

O índice de Carr e o rácio de Hausner foram determinados a partir das densidades a granel (ρb) e de batida (ρt) utilizando as seguintes equações.

$$CI=\frac{\rho t-\rho b}{\rho t}\times 100 \quad (14)$$

$$HR=\frac{\rho t}{\rho b} \quad (15)$$

O índice de Hausner mede a coesão interpartículas e indica o atrito interpartículas. O índice de Carr pode ser utilizado para determinar a compressibilidade de um pó. Existem relações inversas entre o fluxo de partículas e os valores dos índices de Hausner e de Carr. O fluxo do pó diminui à medida que estes dois valores aumentam. Admite-se que um rácio do índice de Hausner superior a 1,25 indica um fluxo fraco e que o índice de compressibilidade de Carr inferior a 16% indica uma boa fluidez dos pós. Os valores superiores a 35% indicam coesividade (Staniforth, 2002)

3.6.7 Ângulo de repouso (Φ)

Para determinar o ângulo de repouso, foi utilizado um método recomendado por investigadores anteriores (Al-Hashemi et al., 2018). O ângulo de repouso estático foi determinado utilizando a técnica do funil fixo e do cone de pé livre. O papel milimétrico foi colocado numa superfície plana e um funil de vidro com uma ponta de 1 cm de diâmetro foi fixado a uma altura específica (h=1,5 cm) acima dele. Verteu-se lentamente a amostra de 10 g ou os grânulos através do funil até que o vértice do cone produzido tocasse a ponta do funil. o diâmetro da base do cone (d). Para cada amostra de pó/grânulos, este processo foi efectuado três vezes e a média foi utilizada para determinar o ângulo de repouso.

$$\Phi=\tan^{-1}\frac{2h}{d} \quad (16)$$

3.7 Determinação da cor

Para determinar a cor da casca de grão-de-bico, as coordenadas L (luminosidade), a (+ve a -ve para vermelho e verde) e b (+ve a -ve para amarelo e azul) do sistema foram obtidas utilizando um calorímetro Hunter Lab (Gretagmacbeth, Suíça). O instrumento foi calibrado inicialmente. Os valores de L^*, a^* e b^* foram . No entanto, um valor mais elevado de "L^*" indica a luminosidade do objeto (mais branco); o valor de "a^*" indica a vermelhidão ou o esverdeado do objeto; o valor de "b^*" indica o amarelo ou o azulado do objeto: o valor positivo indica o amarelo e o valor negativo indica o azulado.

3.8 Caraterísticas estruturais zação

3.8.1 Microscopia eletrónica de varrimento (SEM)

O pó de casca de grão-de-bico foi aderido a um pedaço de fita adesiva de dupla face e montado em stubs de SEM de alumínio antes de ser revestido com ouro de 5-20 mA usando um revestidor fino automático INCA X-act JEC (Oxford Instruments em Tóquio, Japão) até uma espessura de 10 nm. Depois disso, as amostras revestidas foram avaliadas com um SEM (tipo JSM 6510 LV) operado a 20 kV da JEOL Co., Ltd., Tóquio, Japão (Abdel Bary et al., 2018).

3.8.2 Difração de raios X

Um método não destrutivo utilizado na química do estado sólido para caraterizar materiais cristalinos orgânicos e inorgânicos é a difração de raios X (XRD). Utilizou-se um difratómetro de pó de cristalinidade de raios X (Almelo, Países Baixos) e um software (pan analytic X-pert) para criar um difractograma de raios X do pó de casca de grão-de-bico. Antes de as amostras serem colocadas na máquina de difração de raios X, foram colocadas num suporte de amostras e achatadas com uma lâmina de aço na superfície. A leitura da difração foi registada num ângulo de dispersão (2ɵ) de 5-60° com uma taxa de varrimento de 1°/min (Lamo et al., 2022).

3.8.3 Espectroscopia de infravermelhos com transformada de Fourier (FTIR)

A espetroscopia de infravermelhos com transformada de Fourier (FTIR) foi utilizada para estudar as alterações nos grupos funcionais. Os espectros de cada amostra foram detectados na gama de 4000-400 cm^{-1} utilizando reflectância total atenuada-FTIR (LI600300 Spectrum two LIT-a FTIR, Reino Unido). Antes de cada análise, a placa de reflexão total atenuada (ATR) foi limpa e o fundo foi medido. As amostras em pó foram colocadas diretamente sobre a placa ATR para cobrir completamente a superfície da placa (Koseoglu et al., 2015).

3.9 Pré-tratamento da casca de grão-de-bico para remover componentes antinutricionais

Ao utilizar métodos adequados de processamento de alimentos, incluindo a demolha, a fermentação, o aquecimento e a mistura, muitos dos factores antinutricionais podem ser minimizados, juntamente com a melhoria da disponibilidade de outros nutrientes e a redução de possíveis riscos para a saúde (Gemede e Ratta, 2014). Por conseguinte, o efeito da demolha foi testado durante 0 horas, 12 horas, 18 horas e 24 horas. Ambas as amostras de casca R1 crua e R2 torrada foram demolhadas durante os diferentes intervalos de tempo mencionados. Após a demolha, as amostras foram secas a uma temperatura de 150°C durante 2,5 minutos (determinada por ensaios). As amostras secas assim obtidas foram R1, R2, R1S12, R1S18, R1S24, R2S12, R2S18, R2S24, que foram posteriormente avaliadas quanto aos seus factores antinutricionais. Para verificar o efeito da primeira demolha seguida de torrefação, uma amostra de casca crua foi primeiro demolhada durante 18 horas (selecionada aleatoriamente) e depois torrada para obter a amostra (R1SR). Assim, um total de nove amostras foram testadas quanto aos seus factores antinutricionais.

Das nove amostras (R1, R2, R1S12, R1S18, R1S24, R2S12, R2S18, R2S24, R1SR), foram selecionadas para análise posterior as amostras com os componentes antinutricionais mais baixos. Em seguida, foram comparados o SEM, o XRD e o FTIR. As amostras selecionadas foram posteriormente incorporadas na preparação de biscoitos.

3.10 Preparação de bolachas com casca de grão-de-bico

A farinha de trigo, a manteiga e o fermento foram adquiridos no mercado local (Longowal, Punjab). A farinha era o ingrediente principal para fazer biscoitos. Foi utilizado trigo mole para fazer bolachas (Faridi et al., (1994). A quantidade de proteína de glúten é um componente chave para determinar a qualidade da proteína. A manteiga retém a humidade, mantendo as bolachas macias e húmidas. Prolonga o prazo de validade das bolachas ao abrandar a perda de humidade durante a cozedura, evitando que sequem demasiado depressa. O fermento em pó liberta gás dióxido de carbono quando combinado com a humidade e o calor durante a cozedura, o que faz com que as bolachas cresçam. Este gás infunde a massa com bolsas de ar, dando-lhe uma textura mais leve e mais sensível.

As bolachas foram preparadas a partir de farinha de trigo integral. As amostras cruas e torradas com os factores antinutricionais mais baixos entre as amostras testadas foram selecionadas para a preparação de bolachas. A casca foi incorporada nas bolachas em proporções variáveis de 10%, 20%, 30%, 40%, respetivamente, substituindo a farinha de trigo. A manteiga e o açúcar foram batidos em creme para preparar as bolachas. Foi adicionada farinha de trigo com casca em proporções variáveis e amassada até se obter uma massa uniforme. Depois de preparada, a massa repousa durante 20 minutos no frigorífico e, em seguida, é enrolada com um rolo de massa para obter folhas planas. A temperatura da massa foi de 20°C durante a preparação das folhas. Foi também preparada uma amostra de controlo. Após a laminagem, o cortador de biscoitos foi colocado firmemente na massa enrolada para criar a forma desejada. O forno foi pré-aquecido a 150°C. Quando o forno estava pré-aquecido, as bolachas foram dispostas nos tabuleiros e estes foram colocados no forno. A cozedura das bolachas foi efectuada durante 20-22 minutos a 150°C (300°F). Em seguida, a amostra preparada foi embalada em sacos de polietileno para armazenamento e análise posterior. A farinha foi substituída por pó de casca de grão-de-bico para fazer 10%, 20%, 30%, 40%. Foi feita uma nata de manteiga (84 g) e açúcar (50 g). Foi utilizado bicarbonato de sódio (2 g) como agente de fermentação. a quantidade necessária de água.

Quadro 3.1 Formulação de bolachas incorporadas com casca de grão-de-bico

Composição dos ingredientes (g)	Controlo	H10%	H 20%	H 30%	H 40%

Farinha	100	90	80	70	60
Casca de grão-de-bico	_	10	20	30	40

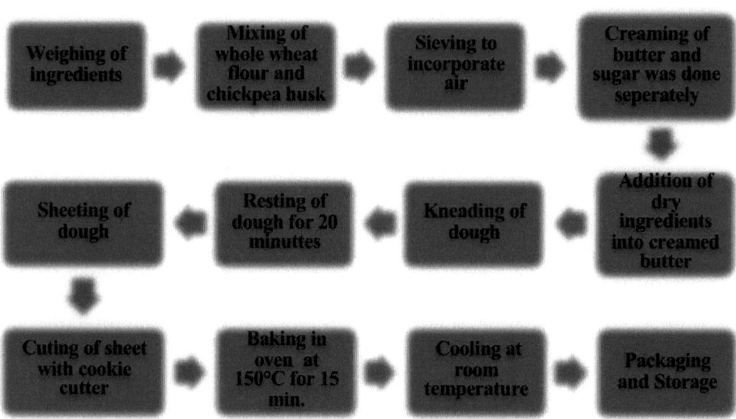

Figura 3.2 Fluxograma do processo de preparação de bolachas com casca de grão-de-bico incorporada

3.11 Composição aproximada dos biscoitos

A composição proximal inclui humidade, gordura, proteína, fibra, cinzas, hidratos de carbono e foi calculada pelos métodos AOAC padrão (2006).

3.12 Caraterísticas físicas das bolachas

Foram preparadas bolachas a partir de amostras selecionadas com factores antinutricionais reduzidos. De seguida, as bolachas foram caracterizadas para análise dimensional, análise do perfil textural e análise da cor. A amostra de mercado das bolachas digestivas Cremica também foi analisada e comparada relativamente às mesmas propriedades. Estas propriedades foram comparadas entre as bolachas com diferentes percentagens de casca e com a amostra de controlo e a amostra do mercado.

3.12.1 Largura dos biscoitos

A largura ou o diâmetro das bolachas foram determinados por um método modificado, tal como descrito por (Ajila et al., 2008). O diâmetro das bolachas foi medido com a ajuda de um compasso de calibre vernier. Para reproduzir a leitura, as bolachas foram rodadas num ângulo de 90° e novamente dispostas. Este procedimento foi repetido três vezes para obter um valor médio e os resultados foram registados em centímetros.

3.12.2 Espessura das bolachas

A espessura das bolachas foi determinada pelo método explicado por (Ajila et al, 2008). A espessura das bolachas foi medida com a ajuda de um compasso de vernier. Este procedimento foi repetido três vezes para obter um valor médio e os resultados foram registados em centímetros.

3.12.3 Rácio de difusão das bolachas

O rácio de espalhamento ou fator de espalhamento das bolachas foi determinado pelo método explicado por Ajila et al., (2008). O rácio de espalhamento das bolachas foi obtido a partir da relação entre a largura das bolachas e a sua espessura. É calculado através da seguinte fórmula.

$$\text{spread} = \frac{\text{Width of cookies}}{\text{Thickness of cookies}} \qquad (17)$$

3.13 Análise do perfil de textura (TPA) de biscoitos

A dureza e a fracturabilidade das bolachas foram determinadas pelo método sugerido por (Budžaki et al, 2014). Foi utilizado um analisador de textura (TA-HD, Stable Microsystems, Reino Unido) equipado com um acessório de flexão de 3 pontos para medir a dureza e a fracturabilidade das bolachas (Figura 3.3). As bolachas foram suportadas por duas vigas separadas e fracturadas baixando uma sonda metálica. Foi aplicada uma compressão a uma velocidade de 3 mm/s até que as bolachas se . Foram efectuadas três medições para cada tipo de amostra de bolacha e as respectivas médias foram comunicadas.

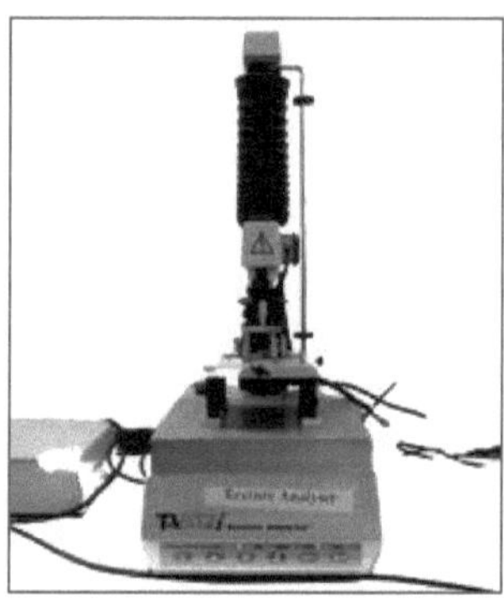

Figura 3.3 Analisador de textura para verificar a dureza das bolachas

3.14 Cor caraterísticas dos biscoitos

A cor das bolachas foi determinada utilizando um calorímetro de cor do laboratório Hunter. Os parâmetros de cor das bolachas, tais como a luminosidade (L^*), a vermelhidão (a*± vermelho-verde) e o amarelo (b*± amarelo-azul) foram medidos colocando as bolachas no porta-espécimes (Öztürk et al., 2002). A cor das bolachas foi registada após a realização de leituras em triplicado.

3.15 Avaliação sensorial dos biscoitos

O teste sensorial foi efectuado por um painel semi-treinado constituído por 14 membros, entre estudantes e pessoal (com idades compreendidas entre os 20 e os 50 anos) do Departamento de Engenharia e Tecnologia Alimentar do Sant Longowal Institute of Engineering and Technology (SLIET), Longowal. Os membros do painel foram solicitados a classificar cada um dos atributos sensoriais, tomando como referência as bolachas de controlo. As propriedades sensoriais como a cor, o aspeto, a textura, a sensação na boca, o sabor e a aceitabilidade global foram avaliadas utilizando uma escala hedónica de 9 pontos. Entre as avaliações, foi disponibilizada água para a lavagem da boca. A escala hedónica foi definida em forma de tabela como se segue:

Quadro 3.2 Tabela da escala hedónica

Grau	Pontuação
Como extremamente	9
Gosto muito	8
Como moderadamente	7
Como ligeiramente	6
Nem gosto nem gosto	5
Não gosto ligeiramente	4
Não gosto moderadamente	3
Não gosto muito	2
Não gosto	1

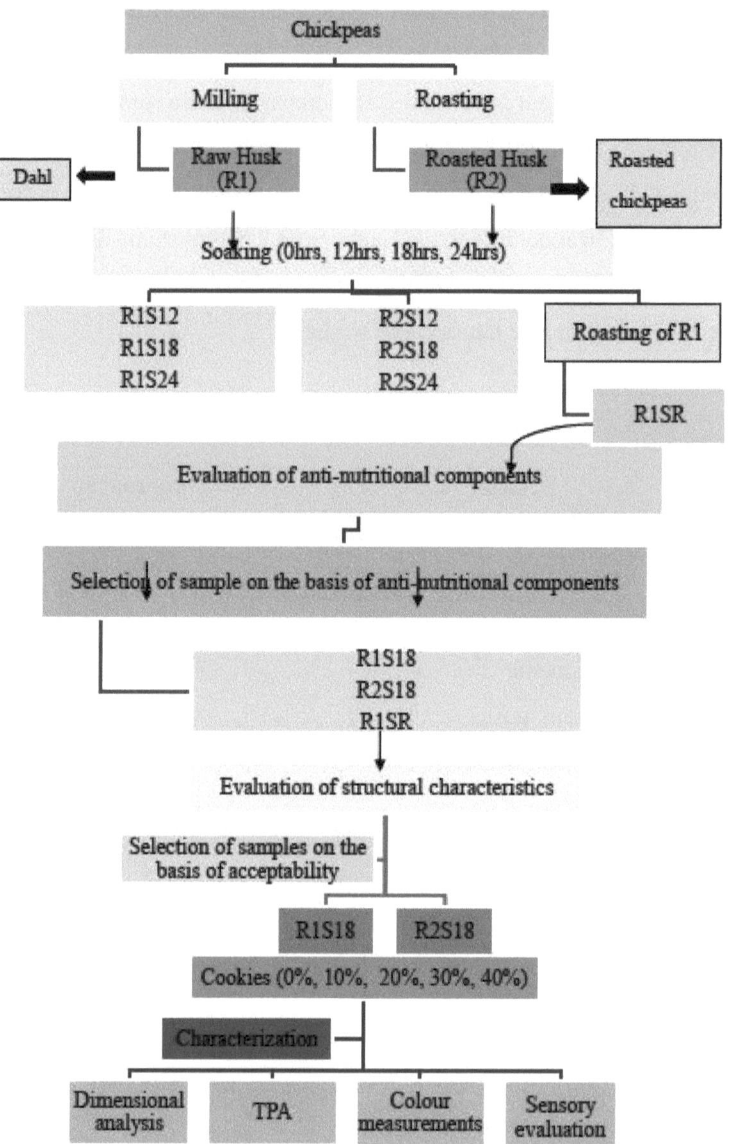
Chickpeas
Milling
Roasting
Raw Husk (R1)
Roasted Husk (R2)
Dahl
Roasted chickpeas
Soaking (0hrs, 12hrs, 18hrs, 24hrs)
R1S12
R1S18
R1S24
R2S12
R2S18
R2S24
Roasting of R1
R1SR
Evaluation of anti-nutritional components
Selection of sample on the basis of anti-nutritional components
R1S18
R2S18
R1SR
Evaluation of structural characteristics
Selection of samples on the basis of acceptability
R1S18
R2S18
Cookies (0%, 10%, 20%, 30%, 40%)
Characterization
Dimensional analysis
TPA
Colour measurements
Sensory evaluation

Figura 3.4 Fluxograma do processo de valorização da casca de grão-de-bico

CAPÍTULO 4

RESULTADOS E DEBATES

Este capítulo aborda as propriedades físico-químicas e os factores antinutricionais da casca de grão-de-bico, bem como o pré-tratamento para remover os factores antinutricionais e a utilização da casca tratada em bolachas. Todas as experiências foram realizadas no Laboratório de Processamento Alimentar, Instituto de Engenharia e Tecnologia Sant Longowal, Longowal, Sangrur, Punjab, Departamento de Engenharia e Tecnologia Alimentar

4.1 Análise aproximada da casca de grão-de-bico crua e torrada

A composição proximal da casca de grão-de-bico crua e torrada é apresentada no Quadro 4.1. Os resultados indicaram uma variação significativa da composição proximal de ambas as cascas. A casca de grão-de-bico crua tem 6,33% de humidade, 6,35% de cinzas, 0,41% de gordura, 5,68% de proteínas, 47,5% de fibra bruta e 33,73% de hidratos de carbono. O teor de humidade, gordura e cinzas da casca de grão-de-bico crua foram significativamente mais elevados do que os da casca de grão-de-bico torrado. Mas a proteína bruta e a fibra bruta foram quase iguais. O teor de cinzas foi significativamente diferente entre a casca de grão-de-bico crua e a torrada. Verificou-se que o teor de cinzas diminuiu durante a torrefação de 6,35±0,05 % para 4,6±0,04 %. O valor energético da casca de grão-de-bico crua é de 160,97 kcal e o da casca de grão-de-bico torrada é de 193,59 kcal. O teor de humidade, gordura, cinzas e proteínas do grão-de-bico está de acordo com relatórios anteriores de Niño-Medina et al., (2017). Os resultados sugerem que as duas cascas de grão-de-bico cruas e torradas eram ricas em fibras. A presença de fibra bruta na casca de grão-de-bico indica que o seu consumo pode aumentar consideravelmente a digestibilidade. A fibra bruta da casca de amendoim era de 59%, e a da casca de melão era de 51% (Abdulrazak et al., 2014). A torrefação influencia o teor de humidade da casca de grão-de-bico torrada, o que se deve ao aquecimento da casca durante a torrefação

Quadro 4.1 Composição proximal da casca de grão-de-bico crua e torrada

Componente (%)	Bruto	Assado
Humidade	6.33±0.17	4.00±0.08
Gordura	0.41±0.01	0.36±0.02
Cinzas	6.35±0.05	4.60±0.04
Proteína	5.68±0.05	5.58±0.16
Fibra bruta	47.50±0.41	45.00±0.93
Fibra alimentar	83,37± 0,09	82,37± 0,09
Hidratos de carbono	33,73± 0,55	42.12 ±0.50

Todos os resultados foram expressos em média±SD

4.2 Determinação da celulose, lenhina e holocelulose da casca de grão-de-bico crua e torrada

A celulose e a lenhina estavam maioritariamente localizadas na casca. A holocelulose constituía uma grande proporção (cerca de 55%) da fibra alimentar total. A holocelulose refere-se à quantidade total de hidratos de carbono na parede celular. Os polissacáridos xilano, glucomanano e xiloglucano constituem a holocelulose. Existe uma ligeira diferença na composição química de ambas as cascas de grão-de-bico. Na casca de grão-de-bico crua, a holocelulose foi encontrada em 25±0,84% e na casca de grão-de-bico torrado é de 24±0,47%. Foi observada uma ligeira diferença entre o teor de lenhina da casca de grão-de-bico crua e torrada . O teor de lignina é de 14,35±0,06% na casca de grão-de-bico crua e de 13,9±0,26% na casca de grão-de-bico torrada. Em geral, o teor de lenhina nas cascas das plantas tende a ser mais elevado do que na parte comestível da planta. No caso da casca de milho, a quantidade de lignina é de 15% e a quantidade de celulose é de 44,8% (Ademoh et al., 2015). A celulose foi encontrada 55±0,49% na casca de grão-de-bico crua e 55±0,4% na casca de grão-de-bico torrada. Um resultado semelhante foi encontrado em Lamo et al., (2022), o teor de celulose na casca de grão-de-bico foi de 52,33% e aumentou para 69,79% após o tratamento alcalino. Estudos demonstraram que a casca de arroz contém cerca de 35-40% de celulose, 15-20% de hemicelulose e 20-25% de lignina (Alshatwi et al., 2022).

Quadro 4.2 Composição química da casca de grão-de-bico crua e torrada

Componente (%)	Bruto	Assado
	25.00±0.84	24.00±0.47
	14.35±0.06	13.90±0.2
	55.00±0.4	55.57±0.6

Todos os resultados foram expressos em média±SD

4.3 TPC, TFC e atividade antioxidante da casca de grão-de-bico crua e torrada de grão-de-bico

Os compostos bioactivos, principalmente TPC, TFC e atividade antioxidante, foram determinados e apresentados no Quadro 4.3. A TPC da casca de grão-de-bico crua e torrada foi estimada em mg GAE/g. O TPC mais elevado foi encontrado nas cascas de grão-de-bico torradas (18,7±0,42mg/ml). A concentração de flavonóides foi dada como mg QE/g de peso seco. Os flavonóides são substâncias químicas polifenólicas que ocorrem naturalmente e estão sobretudo presentes nas plantas. Os flavonóides têm efeitos anti-inflamatórios, antioxidantes, anti-alérgicos, e hepatoprotectores. Este facto pode dever-se à cor mais escura da casca do grão-de-bico. O teor de flavonóides na casca de grão-de-bico varia entre 7,87±0,25 e 8,56±0,01 mg QE/g. O teor mais elevado de flavonóides foi encontrado na casca de grão-de-bico torrada. Os teores de fenólicos totais e de flavonóides totais do grão-de-bico estavam de acordo com o estudo anterior de Segev et al., (2011). Em comparação com as sementes de grão-de-bico descascadas, os estudos demonstraram que as cascas de grão-de-bico têm um teor fenólico mais elevado e uma maior variedade de polifenóis. (Sreerama et al.,2010).

A capacidade de redução do antioxidante em relação ao DPPH foi utilizada para avaliar a atividade antioxidante dos compostos fenólicos. Verificou-se uma diferença significativa na atividade antioxidante das cascas de grão-de-bico cruas e torradas. A atividade DPPH foi encontrada na gama de 86,00±0,56 a 87,00±0,25%. Em um estudo anterior de Niño-Medina et al., (2017), os pesquisadores avaliaram a atividade antioxidante das cascas de soja e grão-de-bico e relataram valores na faixa de 2350-5280 µmolTE/kg pelo método DPPH e 6520-14870 µmolTE/kg pelo método ABTS. Mahbub et al., (2021) Estudaram a atividade antioxidante da casca de grão-de-bico e encontraram 17,40± 2,4 DPPH (mg/g TE) e 37,09+ 5,1 FRAP (mg/g TE)

Quadro 4.3 Teor de fenólicos totais, teor de flavonóides totais e atividade antioxidante da casca de grão-de-bico crua e torrada

Componente	Bruto	Assado
Teor de fenólicos totais (mg/g GAE)	16,52± 2,00	18.70-±0.42
Teor de flavonóides totais (mg QE/g)	7.87± 0.25	8.56±0.01
Atividade antioxidante (% equivalente a DPPH)	86.00±0.56	87.00±0.25

Todos os resultados foram expressos em média±SD

4.4 Propriedades gravimétricas da casca de grão-de-bico crua e torrada

A densidade aparente é a capacidade do pó para fluir. A densidade aparente das amostras variou entre 0,59±0,001 g/ml e 0,60±0,006 g/ml. A amostra de pó foi colocada num recipiente e batida fisicamente para aumentar a densidade aparente, que é a densidade batida. A densidade de batida variou de 0,69±0,017 g/ml a 0,70±0,018 g/ml. As densidades verdadeiras situaram-se entre 1,356±0,094 g/ml e 1,356±0,094 g/ml. A porosidade das amostras de grão-de-bico cru e torrado foi de 58,411±3,001 g/ml e 58,411±3,00 g/ml, respetivamente. Aceita-se que o rácio do índice de Hausner superior a 1,25 indica uma fraca fluidez e o índice de compressibilidade de Carr inferior a 16% indica uma boa fluidez dos pós.

Quadro 4.4 Propriedades gravimétricas da casca de grão-de-bico

Componente	Bruto	Assado
Densidade aparente (g/ml)	0.59±0.001	0.60±0.006
Densidade na torneira (g/ml)	0.69±0.02	0.70±0.01
Densidade real (g/ml)	1.36±0.09	1.35±0.09
Porosidade (%)	58.41±3.00	58.41±3.00
Índice de Carr (%)	17.00±0.08	16.00±0.08
Rácio de Hausner	1.17±0.01	1.16±0.01

Todos os resultados foram expressos em média±SD

4.5 Propriedades de fricção do da casca de grão-de-bico crua e torrada

A casca de grão-de-bico tem normalmente uma textura ligeiramente rugosa e fibrosa. A natureza porosa da casca de grão-de-bico permite a passagem de humidade e ar. De acordo com as superfícies envolvidas, a presença de poros pode aumentar ou diminuir a área de contacto da superfície, afectando as propriedades de fricção. As caraterísticas de fricção exactas da casca de grão-de-bico podem mudar em função de elementos como a qualidade da casca, as técnicas de processamento e as circunstâncias ambientais. O ângulo de repouso da casca de grão-de-bico crua era ligeiramente superior, o que se deve a uma superfície rugosa, em comparação com a casca torrada, como se pode ver no quadro 4.5. Foram observados resultados semelhantes em superfícies rugosas de grãos no estudo de Fu et al., 2020. Do mesmo modo, o coeficiente de atrito em contraplacado, aço e vidro no caso da casca de grão-de-bico crua foi mais elevado do que no caso da casca torrada, o que se deve à superfície ligeiramente rugosa da casca de grão-de-bico crua. O coeficiente de atrito aumenta com o aumento da rugosidade da superfície (Parthasarathi et al., 2013).

Quadro 4.5 Propriedades de fricção da casca de grão-de-bico

	Ângulo de repouso	Coeficiente de atrito			
		Contraplacado (horizontal)	Contraplacado (vertical)	Aço	Vidro
Bruto	0.53°	21.00±0.16	21.00±0.12	18.00±0.16	21.00±0.29
Assado	0.51°	21.00±0.16	19.00±0.40	16.00±0.20	19.00±0.20

Todos os resultados foram expressos em

4.6 Caraterísticas de cor da casca de grão-de-bico crua e torrada

As amostras de casca de grão-de-bico eram de cor castanha. O pó da casca de grão-de-bico torrada era mais escuro do que o da casca de grão-de-bico crua. A luminosidade das amostras variava entre 29,2±1,39 e 35,6±0,62. O menor grau de luminosidade indica o efeito da torrefação. Devido à torrefação, a cor da casca torna-se mais escura devido ao escurecimento não enzimático que ocorre a uma temperatura de 140-165 °C. O aumento dos valores das cores "a^*" e "b^*" e a diminuição dos valores da cor "L^*" podem estar relacionados com as reacções de acastanhamento. O valor "a^*" varia entre 19,1±0,16 e 10,7±0,16, indicando de verde a vermelho. O valor "b^*" varia entre 23,3±0,30 e 19,5±0,60, indicando do azul ao amarelo.

Quadro 4.6 Valores de cor da de grão-de-bico

	Bruto	Assado

L^*	35.6±0.62	29.2±1.39
a*	10.7±0.16	19.1±0.16
b*	19.5±0.64	23.3±0.30

Figura4.1 Casca de grão-de-bico em pó crua e torrada

4.7 Caracterização estrutural

4.7.1 Microscopia eletrónica de varrimento (MEV) da de grão-de-bico crua e torrada

Foram visualizadas micrografias electrónicas de varrimento do pó de casca de grão-de-bico para analisar a forma e as caraterísticas da superfície da casca de grão-de-bico. Ambas as amostras não apresentam grandes diferenças nas suas propriedades estruturais. Ambos os pós de casca de grão-de-bico tinham uma forma não esférica, irregular, com bordos pontiagudos e uma estrutura escamosa. A casca de grão-de-bico crua tem uma superfície rugosa em comparação com a casca torrada. Na casca de grão-de-bico torrada, existem poros na superfície que se formam devido à libertação de humidade durante a torrefação. Também a casca de grão-de-bico torrada tinha partículas pequenas em comparação com a casca de grão-de-bico crua. A morfologia da casca observada no SEM é apresentada na Figura 4.2

(a) (b)

Figura 4.2 Imagens SEM de a) casca de grão-de-bico crua e b) casca de grão-de-bico torrada.

4.7.2 Padrão de difração de raios X da de grão-de-bico crua e torrada

Os padrões de difração de raios X (XRD) apresentados na Figura 4.3 comparam os padrões de difração da casca de grão-de-bico crua e torrada. A difração de raios X é uma técnica utilizada para analisar a estrutura atómica ou molecular de um material, examinando a dispersão de raios X da amostra. Neste caso, os padrões de XRD fornecem informações sobre as caraterísticas estruturais da casca de grão-de-bico, especificamente o seu teor de fibras. Os valores mais altos do ângulo 2θ observados nos padrões de XRD foram 13,5°, 15,8°, 24,58°, 24,80° e 34,5°, tanto para a casca de grão-de-bico crua quanto para a torrada. Estes ângulos correspondem aos picos de difração observados no padrão de XRD e indicam a presença de estruturas cristalinas na casca de grão-de-bico. No entanto, nota-se que a fibra na casca de grão-de-bico apresenta uma natureza ligeiramente cristalina. Isto sugere que os cristais de celulose na casca não são altamente organizados e podem ter algum grau de desordem. Além disso, o padrão XRD indica que quase todas as partes da casca de grão-de-bico, para além da fibra, são de natureza amorfa (Lamo et al.,2022).

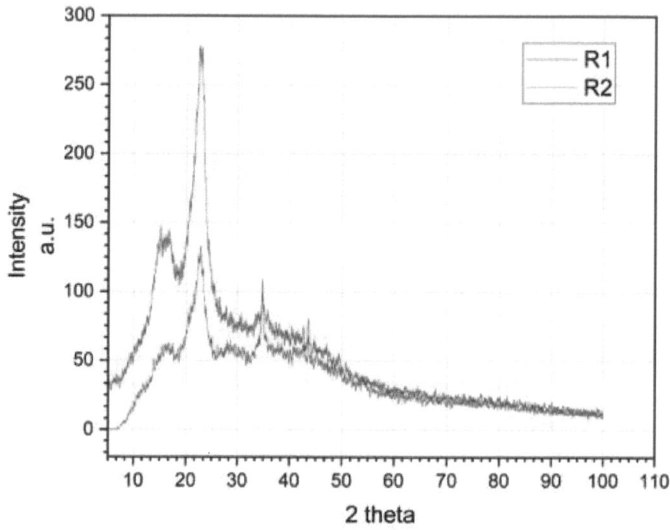

Figura 4.3 Difractogramas de raios X de amostras de casca de grão-de-bico crua e torrada

4.7.3 Espectroscopia de infravermelhos com transformada de Fourier (FTIR) da casca de grão-de-bico

A espetroscopia FTIR, ou espetroscopia de infravermelhos com transformada de Fourier, é uma técnica valiosa para analisar a absorção e emissão de radiação infravermelha numa amostra. O seu princípio fundamental é que diferentes compostos químicos exibem frequências específicas nas quais absorvem ou emitem luz infravermelha. Isto permite a identificação e caraterização de estruturas moleculares. Ao comparar o espetro FTIR resultante com bases de dados espectrais, torna-se possível determinar os grupos funcionais e as ligações químicas presentes no material. Além disso, pode ser efectuada uma análise quantitativa, avaliando a intensidade das bandas de absorção associadas ao número de componentes. No caso da casca de grão-de-bico torrada, foram observados picos distintos, incluindo o estiramento O-H a 3200-3600 cm^{-1}, o estiramento C-C a 1013,56 cm^{-1} na casca de grão-de-bico crua e a 1002,99 cm^{-1} na casca de grão-de-bico torrada, indicando éter alifático, o estiramento C=C a 1648-1638 cm^{-1} e a vibração de estiramento C-H a 3000-2840 cm^{-1}. Nomeadamente, duas bandas nítidas a 2879,36 e 2743,40 cm^{-1} eram evidentes no espetro da casca torrada. Descobertas semelhantes relativamente aos picos da casca de grão-de-bico foram relatadas num estudo de Lamo et al., (2022).

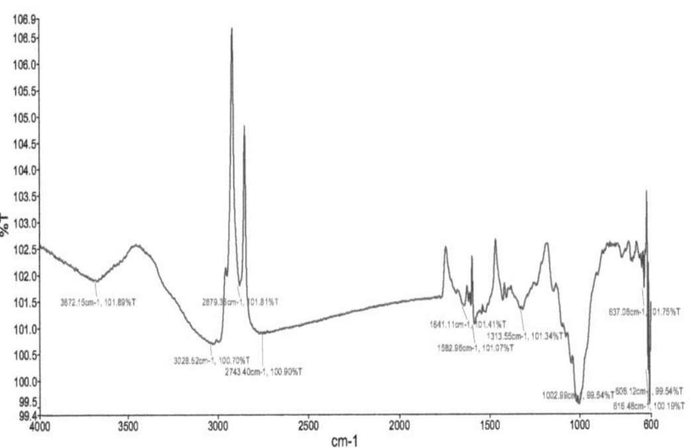

Figura 4.4 Espectro FTIR da casca de grão-de-bico crua (R1)

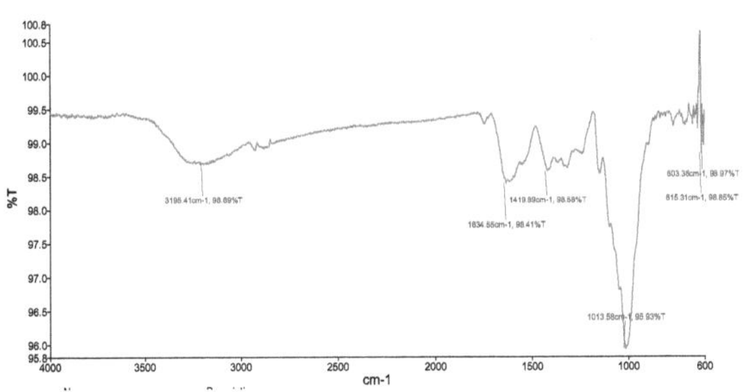

Figura 4.5 Espectro FTIR da casca de grão-de-bico torrada (R2

4.8 Efeito do pré-tratamento nos componentes anti-nutricionais da casca de grão-de-bico

As leguminosas são frequentemente pré-tratadas por demolha, que pode ser efectuada durante um curto período de tempo (20 minutos) ou durante um período de tempo muito longo (16 horas). Como o fitato é solúvel em água, pode ser significativamente reduzido simplesmente deitando fora a água de demolha (Afify et al., 2011). Para além de encurtar o tempo de cozedura, a demolha permite a saída de alguns dos inibidores, o que é bom para a saúde. A textura do feijão é mais macia após a demolha porque permite que a água se espalhe na fração proteica e nos grânulos de amido, o que ajuda na desnaturação das proteínas e na gelatinização do amido. O efeito da demolha em diferentes intervalos de tempo nos componentes antinutricionais, incluindo o ácido fítico e o ácido tânico, foi comparado para nove amostras (R1, R2, R1S12, R1S18, R1S24, R2S12, R2S18, R2S24, R1SR. Da Tabela 4.7, R1 tem 14,9 mg/ml de ácido tânico. Após a torrefação, o teor de ácido tânico diminuiu para 8,00 mg/ml (R2), que diminuiu ainda mais para 5,08 a 5,00 mg/ml quando foi demolhado durante 12 a 24 horas. Verificou-se que o R1SR tem a menor quantidade de ácido tânico (1,54 mg/ml). Da mesma forma, no caso do ácido fítico, foi observada uma redução do ácido fítico no R1SR. Os detalhes dos componentes antinutricionais de todas as amostras são mostrados na Tabela 4.7.

Estudos relatados mostram que a casca da semente de tamarindo (Tamarindus indica L.) contém uma quantidade significativa (cerca de 39%) de taninos poliméricos, de acordo com Sinchaiyakit et al., (2011). Os inibidores de tripsina foram eliminados das sementes de leguminosas após tratamentos térmicos (fervura, torrefação e cozedura no micro-ondas) (Khattab et al., 2009). De acordo com os resultados, os componentes antinutricionais diminuíram quando foram administrados com os pré-tratamentos . Houve uma redução dos componentes antinutricionais no grão-de-bico quando cozinhado sob pressão (Mittal et al., 2012). O ácido fítico variou de 705,83 a 802,16mg/100g e diminuiu de 11,52 a 20,87% nas sementes de grão-de-bico processadas. A atividade inibidora da tripsina variou de 533,33 a 587,92 por cento (Thapliyal et al., 2014). Noutro estudo, os anti-nutrientes como o tanino (4,02 a 1,72 mg/g) e o ácido fítico (1,56 a 0,68 mg/g) também foram significativamente reduzidos pela demolha e torrefação. Os resultados da investigação mostraram que as composições nutricionais do grão-de-bico foram melhoradas com a demolha e a torrefação (Yadav et al., 2017).

Com base nos resultados, a demolha durante 18 e 24 horas foi considerada adequada para reduzir os componentes antinutricionais. No entanto, o tempo de imersão de 18 horas foi selecionado para análise posterior devido ao menor tempo envolvido e, portanto, fácil de manusear. Assim, as amostras selecionadas foram R1S18, R2S18 e R1SR para posterior caraterização.

4.9 Caracterização selectiva de amostras pré-tratadas

Depois de identificar as amostras com os níveis mais baixos de componentes anti-nutricionais, foram efectuadas análises adicionais para medir a sua cor e examiná-las utilizando as técnicas FTIR, SEM e XRD. Com base na aceitabilidade das amostras, foram selecionadas amostras específicas para posterior incorporação nas bolachas. As amostras selecionadas foram cuidadosamente incorporadas na formulação das bolachas com base nas suas caraterísticas de cor favoráveis. Esta etapa teve como objetivo avaliar a forma como estas amostras afectariam a aparência e o aspeto visual das bolachas.

4.9.1 Caraterísticas de cor da casca de grão-de-bico tratada

Para determinar a cor da casca de grão-de-bico, as coordenadas L* (luminosidade), a* (+, vermelho a -, verde) e b* (+, amarelo a -, azul) do sistema foram obtidas utilizando um colorímetro Hunter Lab (GretagMacbeth, Suíça). Comparando os valores de L, verificou-se que R1S18 tem o valor mais alto de 37,0±0,12, seguido por R2S18 com 36,9±0,04, e R1SR tem o valor mais baixo de 22,2±0,35. O baixo valor de luminosidade foi observado no R1SR, o que se deve ao efeito de demolha e torrefação. Durante a demolha, a cor foi lixiviada e o valor de luminosidade do R2S18 foi ligeiramente inferior ao do R1S18. Comparando os valores de 'a*', verificou-se que o R1SR tem o valor mais elevado de 14,0±0,041 devido a uma cor comparativamente clara, seguido do R1S18 e do R1SR com o valor mais baixo de 12,4±0,10 e 12,5±0,04, respetivamente.

Figura 4.6 Representação pictórica do tratamento hidrotérmico da casca de grão-de-bico.

Quadro 4.7 Efeito do pré-tratamento nos componentes antinutricionais das amostras de casca de grão-de-bico

Amostras		tânico (mg/ml)	fítico (mg/ml)
Bruto	R1	14.9±0.10^{a}	0.2913±0.00153^{a}
Assado	R2	8.00±0.05^{b}	0.2267±0.00577^{b}
Em bruto embebido	12h(R1S12)	5.08±0.10^{c}	0.0333±0.00115^{c}
	18h (R1S18)	5.02±0.66^{d}	0.0227±0.00058^{d}
	24h (R1S24)	5.00±0.51^{d}	0.0231±0.00058^{b}
Assado embebido	12h (R2S12)	4.21±0.10^{e}	0.2330±0.00153^{d}
	18h (R2S18)	4.18±0.15^{e}	0.0120±0.00058^{e}
	24h (R2S24)	4.14±0.15^{e}	0,0113±0,00100^{ef}
Crua embebida torrada	R1SR	1.54±0.10^{f}	0.0070±0.00520^{f}

Todos os resultados foram expressos em média±DP. Letras diferentes (a-f) na mesma coluna indicam diferença estatisticamente significativa a $p \leq 0,05$

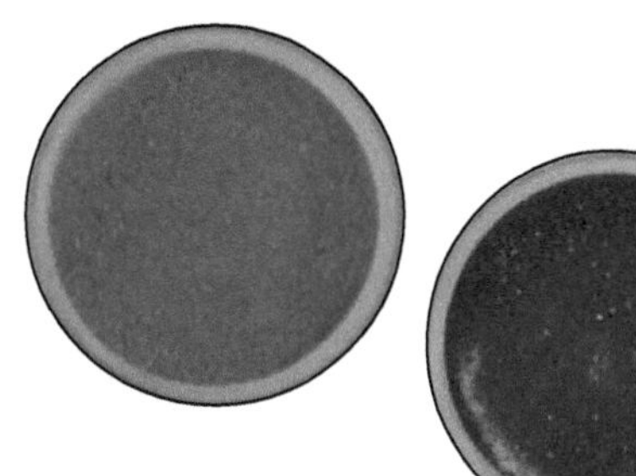

Casca de grão-de-bico crua embebida (R1S18)

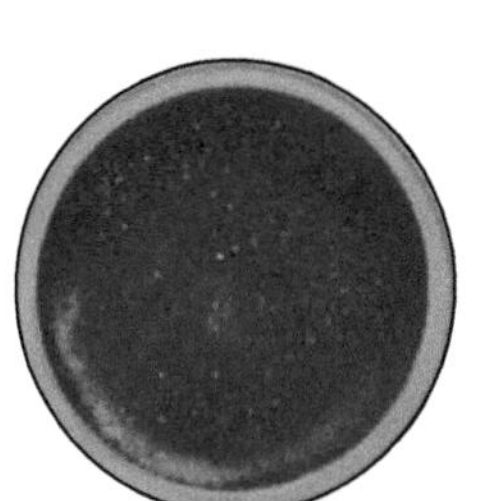

Casca de grão-de-bico torrada e demolhada (R2S18)

Casca de grão-de-bico crua torrada e demolhada (R1SR)

Figura 4.7 Imagens de amostras de pó de casca de grão-de-bico tratado

Quadro 4.8 Valores de cor da de grão-de-bico tratada

	L^*	a^*	b^*
R1S18	37.0±0.12	14.0±0.41	18.0±0.21
R2S18	36.9±0.04	12.4±0.10	18.0±0.21
R1SR	22.2±0.35	12.5±0.04	18.0±0.12

Todos os resultados foram expressos em

4.9.2 Espectroscopia FTIR da casca de grão-de-bico tratada

A espetroscopia de infravermelhos com transformada de Fourier, ou espetroscopia FTIR, é um método para examinar a emissão ou absorção de infravermelhos de uma amostra. Baseia-se na ideia de que diferentes compostos químicos absorvem e emitem luz infravermelha a várias frequências, o que torna possível reconhecer e caraterizar estruturas moleculares. O espetro FTIR resultante pode ser comparado com bases de dados espectrais para identificar os grupos funcionais e as ligações químicas presentes na substância. O grupo hidroxilo na molécula de celulose sofre um estiramento O-H, o que resulta no pico a 3200-3600 cm^{-1} em todas as amostras. O primeiro pico situa-se a 3676,97 cm^{-1} em R1S18, 3671,27 cm^{-1} em R2S18, 3682,62 cm^{-1} em R1SR, representando o estiramento O-H que indica a presença do grupo hidroxilo. Os segundos picos a 3030,09 cm^{-1}, 3022,76 cm^{-1}, 3022,41 cm^{-1} em R1S18, R2S18, R1SR, respetivamente, indicam que o estiramento C-H representa um alceno. No caso dos pós de casca de grão-de-bico torrada, o pico a 1648-1638 correspondente ao estiramento C=C e o pico a 3000-2840 cm^{-1} foram ambos atribuídos à vibração de estiramento C-H. O espetro da casca torrada apresenta consistentemente uma banda a 2879,36 cm-1 em todas as amostras. Esta semelhança nos picos pode ser atribuída ao facto de todas as amostras terem sido submetidas a torrefação em algum momento.

4.9.3 Microscopia eletrónica de varrimento da casca de grão-de-bico tratada

As alterações na estrutura da casca foram examinadas utilizando a microscopia eletrónica de varrimento (SEM), e as imagens correspondentes são apresentadas na Figura 4.9. As alterações estruturais foram observadas em amostras de casca de grão-de-bico após serem submetidas a vários tratamentos. Inicialmente, a casca crua apresenta uma superfície lisa. No entanto, quando submetida a tratamentos como a demolha seguida de torrefação, ocorrem alterações estruturais visíveis. Estas imagens indicam visualmente que os tratamentos de imersão e torrefação conduzem à remoção parcial da hemicelulose e da lenhina.

A hemicelulose e a lenhina são componentes da parede celular das plantas que funcionam como agentes de ligação, ajudando a manter a integridade da parede celular e dos feixes de fibras que a envolvem. A remoção destas substâncias através da demolha e da torrefação perturba as forças de ligação, resultando em modificações estruturais na casca. Para além disso, a análise SEM também permitiu a observação de fibras de celulose presentes na casca, tal como relatado por Lamo et al. em 2022.

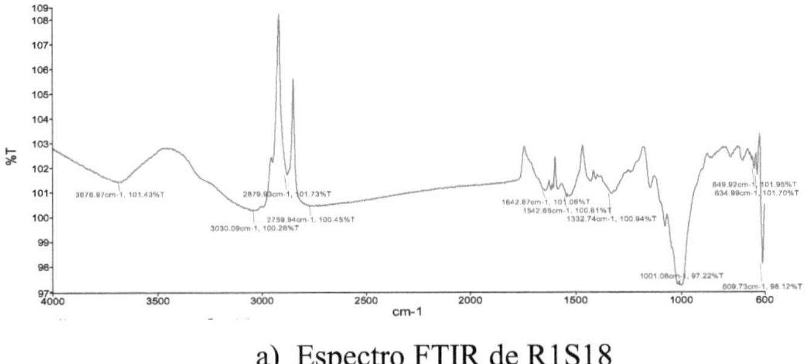

a) Espectro FTIR de R1S18

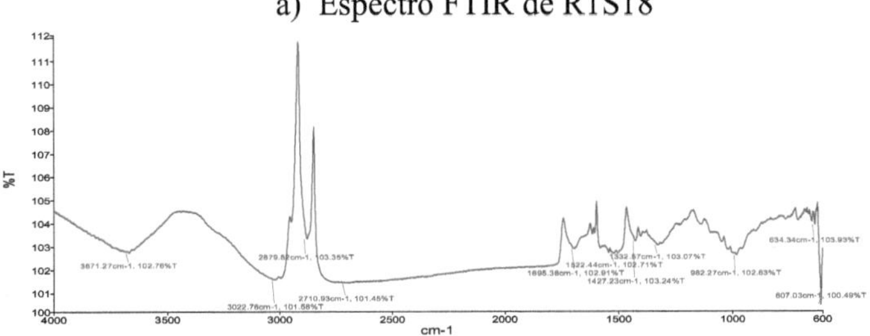

b) Espectro FTIR de R2S18

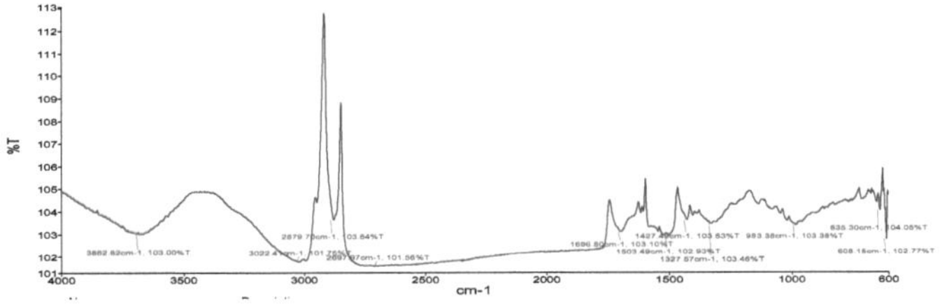

c) Espectro FTIR de R1SR

Figura 4.8 (a-c) Espectro FTIR do pó de casca de grão-de-bico tratado

Tabela 4.9 Diferentes grupos funcionais nos espectros FTIR

Picos (número de onda(cm^{-1})	Grupo funcional	Nome
3700-3584	estiramento O-H	Grupo hidroxilo na celulose
3000-2840	estiramento C-H	Alceno
2950-2850	estiramento C-H	Alcano
1310-1200	Vibrações esqueléticas C-C e C-O	Éster aromático
1310-1200	estiramento C-O	Éster aromático
840-790	Flexão C=C	Alceno

Figura 4.9 Imagens SEM do pó de casca de grão-de-bico tratado

4.9.4 Padrão de difração de raios X da de grão-de-bico tratada

A DRX é uma técnica que fornece um padrão distinto de picos de difração, que servem de impressão digital única para os cristais presentes numa amostra. Na Figura 4.10, é apresentada a análise de difração de raios X das amostras de casca de grão-de-bico. O padrão de DRX para a casca e a celulose apresenta caraterísticas de materiais semicristalinos. Estas caraterísticas incluem um pico amorfo largo e um pico cristalino.

Os picos específicos observados no padrão XRD para a casca estão localizados em ângulos 2θ de 15,2°, 16,5°, 22,3° e 34,5°. Estes picos são significativos porque ajudam a identificar a estrutura cristalina da casca. A presença de picos semelhantes no padrão XRD da casca de arroz, tal como referido por Johar et al., em (2012), sugere uma estrutura cristalina comum partilhada por estes tipos de casca.

Ao comparar o padrão XRD das amostras de casca de grão-de-bico com padrões de referência e dados de outros estudos, os investigadores podem identificar a estrutura cristalina presente na casca. Esta informação é crucial para compreender as propriedades físicas e o comportamento do material da casca. O padrão XRD mostra picos caraterísticos que representam a estrutura cristalina da casca

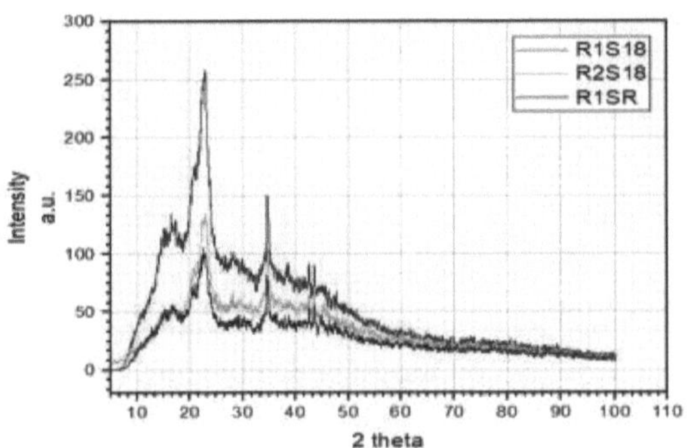

Figura 4.10 Difractograma de raios X de diferentes amostras de casca de grão-de-bico

4.10 Preparação de bolachas com casca de grão-de-bico.

As bolachas de casca de grão-de-bico foram preparadas substituindo percentagens variáveis de farinha de trigo integral por casca de grão-de-bico. As substituições foram efectuadas a níveis de 10%, 20%, 30% e 40%. Como ponto de comparação, foi também preparada uma amostra de controlo , que não continha casca de grão-de-bico (0% de substituição). Antes da cozedura, vale a pena notar que as dimensões das bolachas com casca de grão-de-bico incorporada se mantiveram consistentes em todas as amostras para comparar os rácios de espalhamento das bolachas. As bolachas tinham uma altura constante de 0,5 cm e um diâmetro de 5 cm. Estas medidas foram importantes para garantir a uniformidade das bolachas. Após o processo de preparação, as bolachas foram cozidas a uma temperatura de 150°C durante 20-22 minutos. Este período de cozedura foi determinado como sendo o ideal para obter a textura e a consistência desejadas. Depois de cozidas, as bolachas foram deixadas arrefecer até à temperatura ambiente, permitindo-lhes solidificar e atingir uma temperatura de consumo adequada.

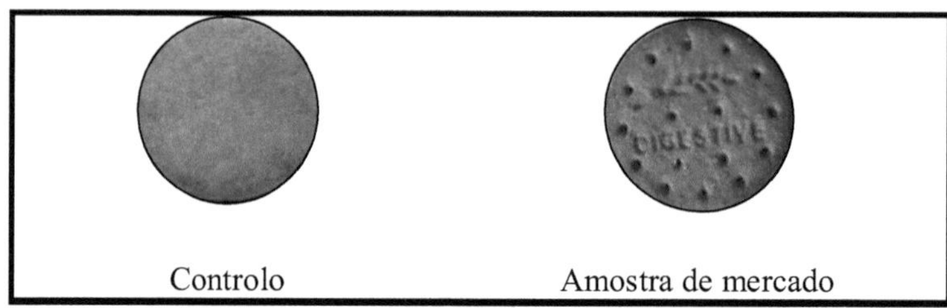

Figura 4.11 Imagens da amostra de controlo e de mercado de bolachas

	10%	20%	30%	40%

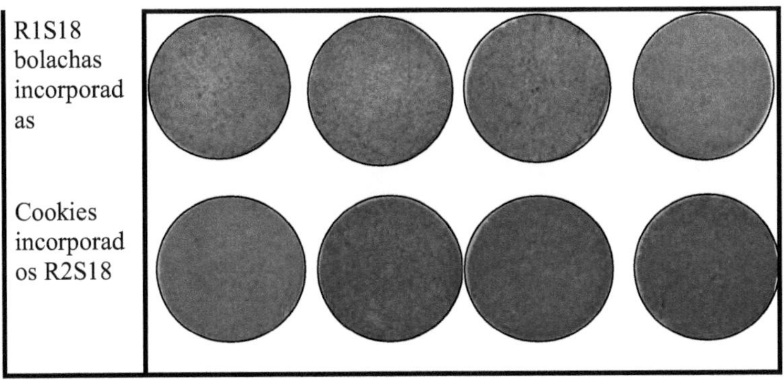

Figura 4.12 Imagens de bolachas incorporadas com casca de grão-de-bico

4.11 Composição proximal das bolachas incorporadas com casca de grão-de-bico

O teor de humidade das bolachas de casca de grão-de-bico variou entre 4,35% e 5,10%. Da mesma forma, o teor de cinzas variou entre 3,96% e 2,52%. Nomeadamente, as bolachas com 30% e 40% de teor de casca apresentaram o teor de cinzas mais elevado, indicando um teor mineral significativo. O teor de proteínas variou de 5,35% a 6,51%, enquanto o teor de fibras variou de 4,56% a 18,56%. A incorporação de casca de grão-de-bico levou a um ligeiro aumento do teor de humidade em todas as amostras de bolachas. Resultados semelhantes foram observados com a adição de casca de psyllium em biscoitos (Qaisrani et al., 2014). Além disso, à medida que a percentagem de casca aumentava, o teor de gordura nas bolachas diminuía (Qaisrani et al., 2014). As bolachas que continham 30% e 40% de casca de grão-de-bico apresentaram o maior teor de fibra. A ingestão diária recomendada de fibras é de 21 a 38 gramas, conforme sugerido pela Organização Mundial de Saúde

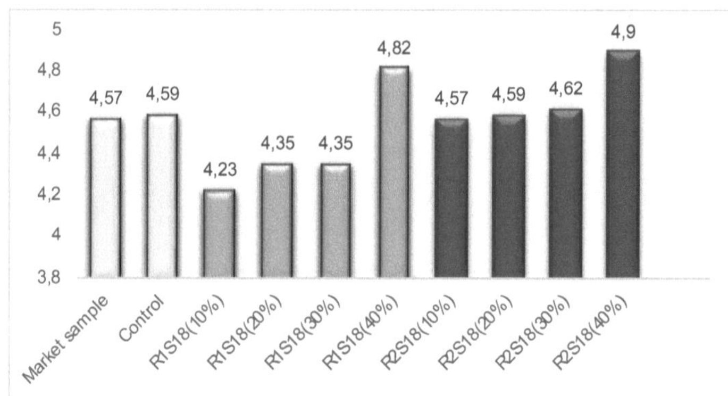

Figura 4.13 Teor de humidade das bolachas incorporadas com casca de grão-de-bico

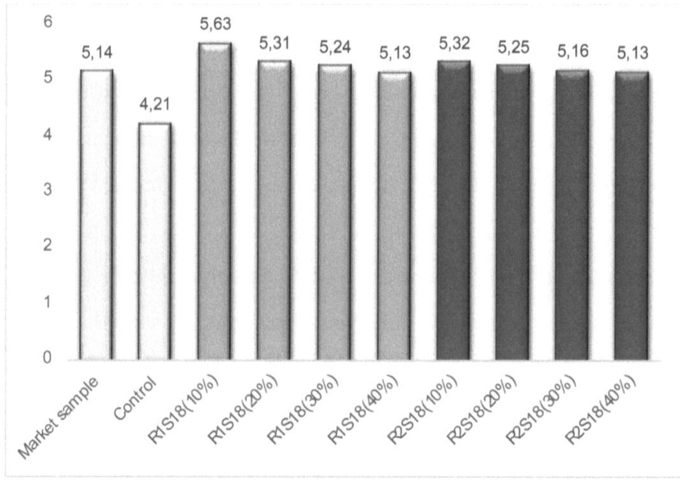

Figura 4.14 Teor de gordura bruta das bolachas incorporadas com casca de grão-de-bico

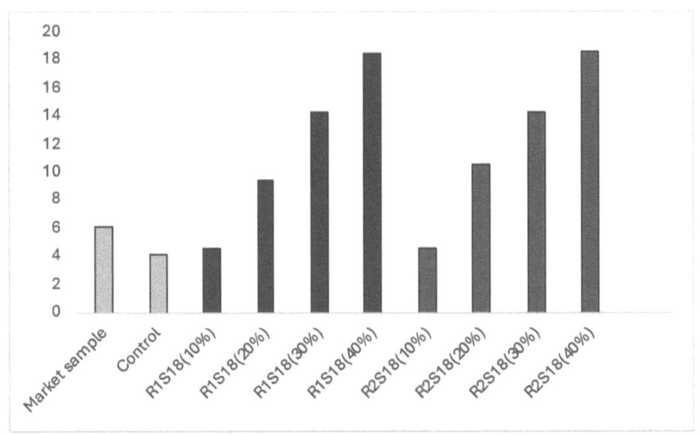

Figura 4.15 Teor de fibra bruta das bolachas incorporadas com casca de grão-de-bico

Quadro 4.10 Composição aproximada das bolachas incorporadas com casca de grão-de-bico

Componente (%) / Biscoitos	Humidade	Cinzas	Gordura	Proteína	Fibra	Hidratos de carbono
Amostra de mercado	4.57 ± 0.07^{e}	2.52 ± 0.25^{f}	5.14 ± 0.20^{f}	6.51 ± 0.15^{a}	6.10 ± 0.10^{e}	76.84 ± 0.52^{a}
Controlo	4.59 ± 0.02^{d}	3.50 ± 0.00^{d}	4.21 ± 0.15^{g}	5.31 ± 0.17^{g}	4.13 ± 0.057^{g}	76.00 ± 0.11^{c}
R1S18(10%)	4.23 ± 0.02^{f}	3.24 ± 0.01^{e}	5.63 ± 0.15^{a}	5.35 ± 0.15^{f}	4.50 ± 0.55^{f}	76.17 ± 0.01^{c}
R1S18(20%)	4.35 ± 0.09^{e}	3.47 ± 0.03^{d}	5.31 ± 0.17^{c}	5.75 ± 0.30^{c}	9.33 ± 0.11^{d}	71.82 ± 0.64^{d}
R1S18(30%)	4.35 ± 0.00^{e}	3.81 ± 0.02^{c}	5.24 ± 0.03^{d}	5.94 ± 0.25^{b}	14.31 ± 0.17^{b}	66.16 ± 0.15^{g}
R1S18(40%)	4.82 ± 0.00^{b}	3.85 ± 0.03^{b}	5.13 ± 0.25^{f}	5.92 ± 0.20^{b}	18.46 ± 0.05^{a}	61.64 ± 0.01^{h}
R2S18(10%)	4.57 ± 0.07^{e}	3.23 ± 0.01^{e}	5.32 ± 0.15^{b}	5.57 ± 0.15^{e}	4.56 ± 0.05^{f}	76.60 ± 0.37^{b}
R2S18(20%)	4.59 ± 0.02^{d}	3.24 ± 0.00^{e}	5.25 ± 0.26^{d}	5.54 ± 0.26^{e}	10.56 ± 0.35^{c}	71.55 ± 0.15^{e}
R2S18(30%)	4.62 ± 0.30^{c}	$3,83 \pm 0,01^{bc}$	5.16 ± 0.34^{e}	5.55 ± 0.34^{e}	14.23 ± 0.05^{b}	66.80 ± 0.24^{f}
R2S18(40%)	4.90 ± 0.02^{a}	3.96 ± 0.01^{a}	5.13 ± 0.20^{f}	5.63 ± 0.20^{d}	18.50 ± 0.01^{c}	61.73 ± 0.02^{h}

Todos os resultados foram expressos em média±DP. Letras diferentes (a-h) na mesma coluna indicam diferença estatisticamente significativa a $p \leq 0,05$

4.12 Caraterísticas das bolachas incorporadas com casca de grão-de-bico

4.12.1. Análise dimensional de biscoitos incorporados com casca de grão-de-bico

A geometria das bolachas, como a largura média (ou diâmetro) e a espessura média, foi medida utilizando um compasso de calibre vernier, de acordo com o método aprovado pela AOAC (10-52, AOAC (2006). O rácio de espalhamento foi obtido a partir do rácio entre a largura e a espessura das bolachas. O rácio de espalhamento das bolachas foi determinado pelo método AOAC 10-52 (AOAC 2006). O rácio de espalhamento foi utilizado como uma medida das caraterísticas de qualidade das bolachas. As dimensões das amostras de bolachas são medidas para examinar o efeito do pó de casca de grão-de-bico nas qualidades de espalhamento das bolachas (Jang et al., 2015). Um rácio de espalhamento mais elevado indica um menor arejamento na massa das bolachas. Os resultados indicaram que, ao utilizar a casca de grão-de-bico em pó para a preparação de bolachas, o diâmetro das bolachas diminui, como se pode ver na tabela 4.11 O diâmetro mais elevado foi observado nas bolachas com 10% de casca de grão-de-bico, no caso da casca de grão-de-bico crua. O valor mais baixo de diâmetro foi observado em bolachas com 40% de casca. O rácio de espalhamento das bolachas diminui porque quando a fibra é adicionada às bolachas, absorve água, resultando numa massa mais seca. Uma massa mais seca tende a espalhar-se menos durante a cozedura em comparação com uma massa mais húmida (Zheng et al.,2020).

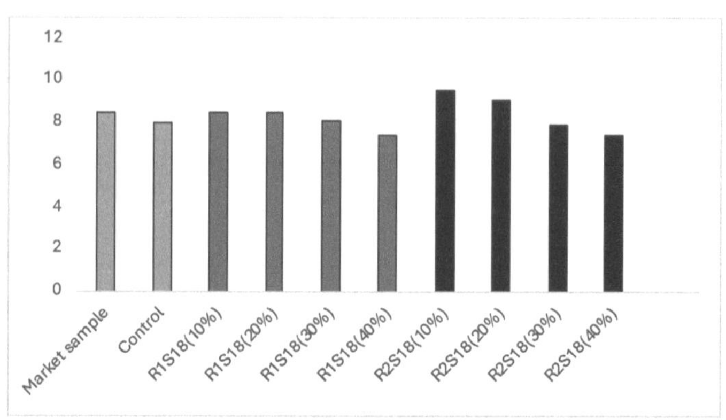

Figura 4.16 Rácio de espalhamento das bolachas incorporadas com casca de grão-de-bico

Quadro 4.11 Rácio de espalhamento das bolachas incorporadas com casca de grão-de-bico

Componente	Espessura (cm)	Diâmetro (cm)	Rácio de spread
Amostra de mercado	0.62±0.36^{d}	5.26±0.46^{e}	8.47±0.11^{d}
Controlo	0.61±0.02^{e}	4.90±0.13^{i}	8.03±0.35^{g}
R1S18(10%)	0.64±0.00^{b}	5.44±0.05^{a}	8.52±0.08^{c}
R1S18(20%)	0.64±0.01^{c}	5.44±0.04^{b}	8.44±0.10^{d}
R1S18(30%)	0.64±0.02^{b}	5.17±0.00^{f}	8.07±0.07^{e}
R1S18(40%)	0.66±0.03^{a}	4.93±0.15^{h}	7.46±0.02^{f}
R2S18(10%)	0.57±0.02^{g}	5.43±0.23^{c}	9.54±0.04^{a}
R2S18(20%)	0.59±0.03^{f}	5.38±0.038^{d}	9.07±0.01^{b}
R2S18(30%)	0.64±0.01^{c}	5.08±0.08^{g}	7.90±0.28^{g}
R2S18(40%)	0.66±0.03^{a}	4.93±0.15^{h}	7.46±0.02^{f}

Todos os resultados foram expressos em média±DP. Letras diferentes (a-h) na mesma coluna indicam diferença estatisticamente significativa a $p \leq 0,05$

Sudha et al. (2007) também relataram uma diminuição no diâmetro e um aumento na força de rutura dos biscoitos após a adição de farelos de cereais e uma diminuição na espessura após a adição de farelo de cevada. A incorporação de 20% de pó de casca de manga como uma fonte de fibras diminuiu o diâmetro dos biscoitos (Ajila et al., 2008). A diminuição do diâmetro com a adição de fibra dietética também foi observada em biscoitos com incorporação de casca de psílio (Qaisrani et al., 2014).

4.12.2 Análise do perfil de textura das bolachas incorporadas com casca de grão-de-bico

A aceitabilidade global das bolachas é ainda reforçada pela sua textura. A força necessária para partir uma bolacha é uma medida da sua dureza, que é uma das propriedades de textura mais significativas. A dureza das bolachas é influenciada por uma matriz composta de agregados de proteínas, lípidos e açúcares contidos em grânulos de amido não gelatinizado (Dhal et al., 2023). A análise da textura foi realizada para determinar as propriedades da textura, tais como a dureza e a fracturabilidade das diferentes amostras de bolachas. A dureza (ou firmeza) é a força máxima de rutura, enquanto que a fracturabilidade (ou fragilidade) é a distância média à rutura, que representa a tendência de uma bolacha para se fraturar com a aplicação de força (Budžaki et al., 2014). A dureza é a força máxima de resistência da bolacha contra uma lâmina de bordo arredondado até a amostra começar a partir. A fracturabilidade pode ser definida como a distância até à força de pico. Uma das principais caraterísticas físicas dos biscoitos é a sua capacidade de "estalar" ou quebrar rapidamente sob força aplicada (Jang et al., 2015).

A dureza e a fracturabilidade foram medidas com um analisador de textura equipado com um acessório de flexão de 3 pontos Velocidade: 2,0 mm/s, Velocidade de teste: 0,5 mm/s, Velocidade pós-teste: 10,0 mm/s, Distância: 5 mm para contactar a bolacha e os resultados são apresentados na Tabela 4.12

O resultado indicou que a dureza e a fracturabilidade das bolachas aumentam com o aumento da casca de grão-de-bico na formulação das bolachas. A dureza das bolachas varia entre 3893,405±32,92 N e 1001,13±96,65 N. O valor da dureza da amostra de controlo foi de 1289,03±81,32 N. Existe uma diferença significativa entre a fracturabilidade das amostras bolachas. Há um aumento da resistência à fratura das bolachas após a adição de farelos de cereais como fonte de fibra (Sudha et al., 2007). Este resultado encoraja a utilização prática da adição de casca na preparação de biscoitos.

4.12.3 Determinação da cor das bolachas incorporadas com casca de grão-de-bico

A cor dos produtos cozinhados, como as bolachas, é um parâmetro de qualidade importante para a aceitação inicial pelos consumidores. Além disso, como o desenvolvimento da cor ocorre maioritariamente nas fases finais da cozedura, pode ser utilizado para determinar a conclusão do processo de cozedura. As reacções de Maillard entre as proteínas e os açúcares são responsáveis pelo desenvolvimento da cor nos produtos de panificação. As melanoidinas são produzidas pela reação de Maillard não enzimática. Outros factores, como a composição dos ingredientes e o tempo de cozedura, podem afetar a cor dos produtos finais. A humidade no interior do forno e a atmosfera na fase inicial da cozedura também podem afetar o desenvolvimento da cor final (Kulthe et al., 2017). Os principais ingredientes das bolachas são a farinha de cereais, a casca de grão-de-bico, a gordura e o açúcar. Durante a cozedura, ocorrem processos químicos complexos que resultam na criação de toxinas geradas pelo calor, como a acrilamida. A acrilamida forma-se durante a cozedura devido à reação de Maillard entre o açúcar redutor e a asparaginase a uma temperatura superior a 120 °C. A massa é frequentemente aquecida durante um curto período de tempo (15 minutos) a uma temperatura elevada (180 °C) para obter um baixo teor de humidade e uma superfície castanha (Budžaki et al, 2014)

Tabela 4.12 Propriedades de textura das bolachas incorporadas com casca de grão-de-bico

Tipo de cookies	Dureza (N)	Fracturabilidade (mm)
Amostra de mercado	2.78±1.69^{j}	0.85±0.46^{d}
Controlo	1289.03±81.32^{g}	0.53±0.02^{d}
R1S18(10%)	1001.13±96.65^{h}	0.37±0.02^{e}
R1S18(20%)	1466.78±15.18^{f}	0.54±0.08^{d}
R1S18(30%)	3301.14±47.99^{b}	1.13±0.10^{c}
R1S18(40%)	3893.405±32.92^{a}	1,10±0,195^{bc}
R2S18(10%)	880.85±67.97^{i}	0.55±0.0^{d}
R2S18(20%)	2095.35±25.11^{e}	1.01±0.20 ^{c}
R2S18(30%)	2220.49±55.79^{d}	1.15±0.21^{b}
R2S18(40%)	2764.29±11.5^{c}	1.72±1.37^{a}

Todos os resultados foram expressos em média±DP. Letras diferentes (a-h) na mesma coluna indicam diferença estatisticamente significativa a p≤0,05

Os biscoitos com 30% e 40% de casca de grão-de-bico apresentaram cor escura, conforme representado na tabela 4.13. A cor mais escura foi observada nos biscoitos preparados com casca de grão-de-bico torrada. Devido ao efeito da torrefação. Estes biscoitos são rejeitados devido à cor mais escura. O valor mais baixo foi observado em R2S18 (45,8±0,3). As bolachas de grão-de-bico cru foram aceitáveis porque os seus valores são comparativamente próximos da amostra de controlo e da amostra de mercado

Quadro 4.13 Valores de cor das bolachas

Amostra de cookies	L^*	a^*	b^*
Amostra de mercado	66.8 ±0.88^a	14.4±0.3^b	48.3±0.63^b
Controlo	62.3±0.88^b	7.2±0.85^e	51.1±0.74^a
R1S18 (10%)	66.80±0.54^a	14.4±0.3^b	48.3±0.85^b
R1S18 (20%)	61.8±0.86^c	7.4±0.47^d	43.6±0.36$^{(d}$
R1S18 (30%)	59.9±0.32^d	7.0±1.22^g	47.9±0.85^c
R1S18 (40%)	53.8±0.53^e	6.4±0.25^h	34.8±0.65^f
R2S18 (10%)	61.8±0.86^c	7.4±0.47^d	43.6±0.36$^{(d}$
R2S18 (20%)	53.6±0.35^f	13.5±0.38^c	43.2±0.41^d
R2S18 (30%)	48.4±0.47^g	10.8±0.86^i	25.7±0.35^h
R2S18 (40%)	45.8±0.3^h	19.2±0.80^a	32.2±0.81^g

Todos os resultados foram expressos em média±DP. Letras diferentes (a-h) na mesma coluna indicam diferença estatisticamente significativa a $p \leq 0,05$

4.12.4 Avaliação sensorial de bolachas com casca de grão-de-bico incorporada

A avaliação sensorial foi realizada para diferentes parâmetros, tais como cor, aparência, textura, sensação na boca, sabor, foram avaliados para atributos sensoriais por um painel de 14 juízes semi-formados usando o sistema de escala hedónica de 9 pontos, assumindo biscoitos de controlo como referência e os resultados são apresentados na Tabela 4.14. As bolachas preparadas com casca de grão-de-bico torrada foram rejeitadas devido à sua cor escura. No caso das bolachas de casca de grão-de-bico crua, as bolachas incorporadas com 30% de casca são boas em termos de sabor e aceitabilidade geral.

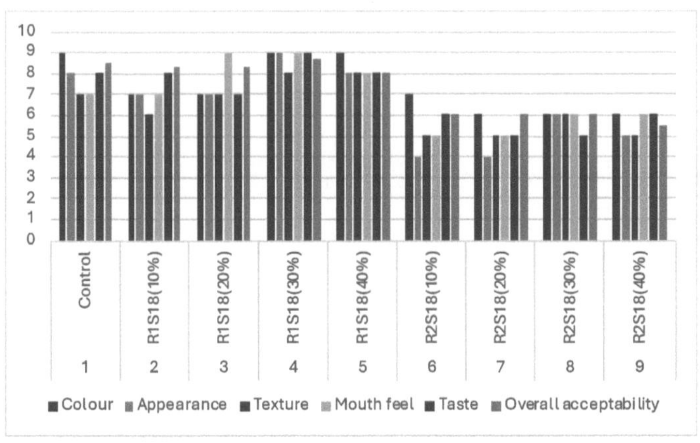

Figura 4.17 Pontuação sensorial das

Quadro 4.14 Pontuação sensorial das

Amostras de bolachas	Cor	Aparência	Textura	Sensação bucal	Gosto	Em geral aceitabilidade
Controlo	$9{\pm}0.47^{a}$	$8{\pm}0.55^{b}$	$7{\pm}0.24^{b}$	$7{\pm}0.57^{c}$	$8{\pm}0.24^{b}$	$8.5{\pm}0.74^{b}$
R1S18(10%)	$7{\pm}0.47^{b}$	$7{\pm}0.52^{c}$	$6{\pm}0.65^{c}$	$7{\pm}0.62^{c}$	$8{\pm}0.14^{b}$	$8,3{\pm}0,62^{ab}$
R1S18(20%)	$7{\pm}0.47^{b}$	$7{\pm}0.58^{c}$	$7{\pm}0.15^{b}$	$9{\pm}0.47^{a}$	$7{\pm}0.23^{c}$	$8,3{\pm}0,52^{ab}$
R1S18(30%)	$9{\pm}0.47^{a}$	$9{\pm}0.44^{a}$	$8{\pm}0.26^{a}$	$9{\pm}0.45^{a}$	$9{\pm}0.47^{a}$	$8.7{\pm}0.77^{a}$
R1S18(40%)	$9{\pm}0.47^{a}$	$8{\pm}0.42^{b}$	$8{\pm}0.26^{a}$	$8{\pm}0.65^{b}$	$8{\pm}0.85^{b}$	$8.0{\pm}0.51^{c}$
R2S18(10%)	$7{\pm}0.81^{b}$	$4{\pm}0.74^{f}$	$5{\pm}0.74^{d}$	$5{\pm}0.75^{e}$	$6{\pm}0.62^{d}$	$6.0{\pm}0.74^{d}$
R2S18(20%)	$6{\pm}0.54^{c}$	$4{\pm}0.52^{f}$	$5{\pm}0.41^{d}$	$5{\pm}0.75^{e}$	$6{\pm}0.57^{d}$	$6.0{\pm}0.52^{d}$
R2S18(30%)	$6{\pm}0.45^{c}$	$6{\pm}0.42^{d}$	$6{\pm}0.41^{c}$	$6{\pm}0.41^{d}$	$5{\pm}0.65^{e}$	$6.0{\pm}0.77^{d}$
R2S18(40%)	$6{\pm}0.88^{c}$	$5{\pm}0.47^{e}$	$5{\pm}0.96^{d}$	$6{\pm}0.41^{d}$	$5{\pm}0.74^{e}$	$5.5{\pm}0.37^{e}$

Todos os resultados foram expressos em média±DP. Letras diferentes (a-f) na mesma coluna indicam diferença estatisticamente significativa a $p \leq 0,05$

CAPÍTULO 5

CONCLUSÃO E ÂMBITO FUTURO

A fibra alimentar é uma forma de hidrato de carbono presente nas refeições à base de plantas que o corpo não consegue digerir ou absorver completamente. Por vezes, é designada por fibra bruta ou volumosa. Apesar de não poder ser digerida, a fibra alimentar é fundamental para manter a saúde e é uma parte necessária de uma dieta equilibrada. A fibra alimentar torna as fezes mais volumosas, favorecendo a regularidade dos movimentos intestinais e evitando a obstipação. Além disso, ajuda a prevenir problemas de estômago. Como demoram mais tempo a digerir, implicam mais mastigação, dando assim uma sensação de saciedade. A ingestão diária recomendada de fibras para adultos varia consoante o sexo, a idade e o estado geral de saúde, mas, regra geral, os indivíduos devem procurar ingerir entre 25 a 38 gramas de fibras por dia.

A casca de grão-de-bico, também conhecida como farelo ou palha de grão-de-bico, é um subproduto gerado durante a transformação do grão-de-bico. É sobretudo utilizada como animais, mas contém componentes muito importantes que são necessários para a saúde humana. A maior parte das vezes é descartada como resíduo

Este estudo teve como objetivo explorar a adequação e os potenciais benefícios da utilização da casca de grão-de-bico em pó como ingrediente no desenvolvimento de bolachas ricas em fibras. Inicialmente, a casca de grão-de-bico crua foi comparada com a casca de grão-de-bico torrada, e verificou-se que a torrefação resultou numa diminuição significativa dos componentes antinutricionais presentes na casca. Para melhorar ainda mais a remoção dos componentes antinutricionais, a demolha foi efectuada em diferentes intervalos de tempo (12 horas, 18 horas e 24 horas). Foi efectuada uma demolha seguida de torrefação em e observou-se que este tratamento da casca de grão-de-bico tinha quantidades negligenciáveis de compostos antinutricionais.

Foram preparados dois tipos de bolachas a partir de pós de casca de grão-de-bico selecionados (R1S18 e R2S18). As bolachas foram feitas adicionando pó de casca de grão-de-bico à farinha de trigo integral em diferentes proporções: 10%, 20%, 30% e 40%. As bolachas feitas com R2S18 foram rejeitadas devido à sua cor mais escura, que foi considerada indesejável. Os biscoitos feitos com R1S18 foram aceites. Verificou-se que até 30% de incorporação de casca de grão-de-bico, os biscoitos tinham um sabor agradável, e a sua pontuação de aceitabilidade global foi maior na escala hedónica.

No entanto, quando o nível de casca de grão-de-bico foi aumentado para 40%, as bolachas partiram-se mais facilmente devido ao maior teor de fibras, e a textura e as qualidades sensoriais eram menos apelativas. Por conseguinte, o estudo concluiu que a proporção ideal de casca de grão-de-bico na receita de bolachas é de 30%.

Considerando os potenciais benefícios da casca de grão-de-bico, podem ser efectuados mais estudos para aumentar a sua utilização em diferentes produtos alimentares. A fibra mantém um trato digestivo saudável, previne a obstipação e ajuda a digestão. Para além disso, a valorização de subprodutos de outras indústrias transformadoras também pode ser focada

As bolachas são frequentemente feitas com farinha de trigo, açúcar e gordura como ingredientes principais, o que faz delas um produto alimentar altamente calórico. A procura de snacks saudáveis está a aumentar. Assim, podem ser efectuados mais estudos sobre a substituição da gordura e do açúcar nas bolachas por melhores alternativas

A casca do grão-de-bico é também rica em vários compostos bioactivos, pelo que podem ser realizados estudos sobre a extração de componentes bioactivos da casca e a sua utilização.

REFERÊNCIAS

Abbas, Y., e Ahmad, A. (2018). Impacto do processamento nos fatores nutricionais e antinutricionais das leguminosas: uma revisão. *Anais. Ciência e Tecnologia Alimentar,* 19(2), 199-215

Abdel Bary, E. M., Soliman, Y. A., Fekri, A., e Harmal, A. N. (2018). Envelhecimento de novas membranas feitas de PVA e nanocristais de celulose extraídos da casca de arroz egípcia fabricada pelo processo de moldagem por compressão. *Revista Internacional de Estudos Ambientais*, *75*(5), 750-762.

Abdullah, K. A., e Hammadi, K. K. (2022). Removal of Copper from Aqueous Solution Using Raw Cowpea Husk, And Cowpea Husk Coated with Zinc Oxide Nanoparticle Adsorbent. *Anais da Sociedade Romena de Biologia Celular*, *26*(01), 3380-3411.

Abdulrazak, S., Otie, D., e Oniwapele, Y. A. (2014). Análise aproximada e factores anti-nutricionais do amendoim e da casca de melão. *Journal of Animal and Feed Research*, 4(2), 25-28.

Adeleke, O., Adiamo, O. Q., Fawale, O. S., e Olamiti, G. (2017). Efeito da imersão e fervura em fatores antinutricionais, conteúdo de oligossacarídeos e digestibilidade de proteínas de cultivares de amendoim Bambara recém-desenvolvidos. *Jornal Turco de Agricultura - Ciência e Tecnologia Alimentar*, 5(9), 1006-1014

Ademoh, N. A., e Olabisi, A. I. (2015). Desenvolvimento e avaliação de pastilhas de travão à base de cascas de milho (sem amianto). *Desenvolvimento*, 5(2), 67-80.

Afify, A. E. M. M., El-Beltagi, H. S., Abd El-Salam, S. M., & Omran, A.

A. (2011). Biodisponibilidade de ferro, zinco, fitato e atividade da fitase durante a embebição e germinação de variedades de sorgo branco. *Plos one, 6*(10), e25512.

Agrawal, K., e Singh, G. (2003). Physico-chemical and milling quality of some improved varieties of chickpea (Cicer arietinum). *Journal of food science and technology-mysore-*, 40(4), 439-442.

Ajila, C. M., Leelavathi e Rao, U. P. (2008). Melhoria do teor de fibra alimentar e das propriedades antioxidantes em bolachas de massa mole com a incorporação de pó de casca de manga. *Journal of cereal science*, *48*(2), 319-326.

Akhtar, H. M. S., Riaz, A., Hamed, Y. S., Abdin, M., Chen, G., Wan, P., e Zeng, X. (2018). Produção e caraterização de filmes antioxidantes e antimicrobianos à base de CMC enriquecidos com polissacarídeos de casca de grão de bico. *Jornal Internacional de Macromoléculas Biológicas*, 118, 469- 477.

Al-Hashemi, H. M. B., e Al-Amoudi, O. S. B. (2018). Uma revisão sobre o ângulo de repouso dos materiais granulares. *Tecnologia de pós*, 330, 397-417.

Alsalman FB, Ramaswamy H. (2020). Redução do tempo de imersão e dos factores anti-nutricionais através do processamento a alta pressão do grão-de-bico. *Jornal de Ciência e Tecnologia Alimentar,* 57, 2572-2585.

Alshatwi, A. A., Athinarayanan, J., & Periasamy, V. S. (2022). Fabricação simultânea de microesferas de carbono, nanohíbridos de lignina / sílica e nanoestruturas de celulose a partir da casca de arroz. *Biomass Conversion and Biorefinery*, 1-11.

AOAC. Métodos oficiais de análise. 16th edition. Association of Official Analytical Chemists: Washington DC: (2006)

AOAC. Métodos Oficiais de Análise. 18th edition. Association of Official Analytical Chemists: Arlington, VA, EUA: (2005)

Arulnathan, N., e Balakrishnan, M. (2020). Princípios Proximados, Fração de Fibra e Conteúdo Mineral da Casca de Grama Preta (Vigna mungo). *Jornal Internacional de Investigação Pecuária*, 3(3), 24-30.

Ashwath Kumar, K., e Sudha, M. L. (2021). Efeito da substituição de gordura e açúcar nas caraterísticas reológicas, texturais e nutricionais de biscoitos multigrãos. *Journal of Food Science and Technology*, 58(7), 2630-2640

Baker, M. T., Lu, P., Parrella, J. A., e Leggette, H. R. (2022). Aceitação do consumidor em relação aos alimentos funcionais: A scoping review. *Revista Internacional de Investigação Ambiental e Saúde Pública*, 19(3), 1217.

Barek, M. L., Hasmadi, M., Zaleha, A. Z., e Fadzelly, A. M. (2015). Efeito de diferentes métodos de secagem em fitoquímicos e propriedades antioxidantes de chás não fermentados e fermentados de folhas de Sabah Snake Grass (Clinacanthus nutans Lind.). *Jornal Internacional de Investigação Alimentar*, 22(2), 661.

Bilgiçli, N., İbanogˇlu,erken,..2007). Efeito da adição de fibra alimentar nas propriedades nutricionais selecionadas dos biscoitos. *Jornal de engenharia alimentar*, 78(1), 86-89.

Bora, P.; Ragaee, S.; e Abdel-Aal, (2019) Efeito da incorporação do subproduto de bagas de goji nas propriedades bioquímicas, físicas e sensoriais de produtos de panificação selecionados. Lebensmittel-Wissenschaft & Technologie 2019, 112, 108225.

Bose, D., e Shams-Ud-Din, M. (2010). O efeito da casca de grão-de-bico (Cicer arietinim) nas propriedades dos biscoitos cracker. *Jornal da Universidade Agrícola do Bangladesh*, 8(147-152)

Brand-Williams, W., Cuvelier, M. E., e Berset, C. (1995). Utilização de um método de radicais livres para avaliar a atividade antioxidante. *Lebensmittel-Wissenschaft & Technologie -Food science and Technology*, 28(1), 25-30.

Bressani, R. (2003). Melhoria nutricional de leguminosas de grão por processamento. Food Science and Technology International, 9(4), 241-247.

Brooker, B. E. (1993). A estabilização do ar em massas de bolos - o papel da gordura. *Food Structure*, 12(3), 285-296.

Budžaki, S., Koceva Komlenić, D., Lukinac Čačić, J., Čačić, F., Jukić, M., e Kožul, Ž. (2014). Influência da composição dos biscoitos nos perfis de temperatura e parâmetros qualitativos durante a cozedura. *Revista croata de ciência e tecnologia alimentar*, 6(2), 72-78.

Chakraborty, M., Budhwar, S., e Kumar, S. (2022). Evaluation of nutrients and organoleptic value of novel value added multibran cookies using multivariate approach. *Journal of Food Science and Technology*, 59(12), 4748-4760.

Chauhan, G. S., Manikantan, M. R., Gautam, A. K., e Sharma, N. (2016). Efeito do processamento em factores antinutricionais e digestibilidade proteica de cultivares de grão-de-bico. *Journal of Food Science and Technology*, 53(10), 3757-3764.

Chauhan, S., e Rajput, H. (2018). Produção de biscoitos sem glúten e com alto teor de fibras usando pó de resíduos de raiz de beterraba e casca de farinha de trigo. *The Pharma Innovation Journal*, 7(11),

Dhal, S., Anis, A., Shaikh, H. M., Alhamidi, A., e Pal, K. (2023). Effect of Mixing Time on Properties of Whole Wheat Flour-Based Cookie Doughs and Cookies (Efeito do tempo de mistura nas propriedades de massas e biscoitos à base de farinha de trigo integral). *Foods*, 12(5), 941.

Dida Bulbula, D., e Urga, K. (2018). Estudo sobre o efeito dos métodos tradicionais de processamento na composição nutricional e nos factores anti-nutricionais do grão-de-bico (Cicer arietinum). *Cogent Food & Agriculture*, 4(1), 1422370.

Duta, D. E., e Culetu, A. (2015). Avaliação das propriedades reológicas, físico-químicas, térmicas, mecânicas e sensoriais de biscoitos sem glúten à base de aveia. *Journal of Food Engineering*, 162, 1-8.

Faridi, H., Gaines, C., e Finney, P. (1994). Qualidade do trigo mole na produção de biscoitos e crackers. *Wheat: Production, properties and quality* 154-168pp. Boston, MA: *Springer* US.

Figuerola, F., Hurtado, M. L., Estévez, A. M., Chiffelle, I., e Asenjo, F. (2005). Concentrados de fibra de bagaço de maçã e casca de citrinos como potenciais fontes de fibra para enriquecimento alimentar. *Química alimentar*, 91(3), 395-401.

Fu, J. J., Chen, C., Ferellec, J. F., e Yang, J. (2020). Efeito da forma da partícula no ângulo de repouso com base no teste de fluxo da tremonha e no método de elementos discretos. *Avanços em Engenharia Civil*, 2020, 1-10.

Gemede, H. F. (2014). Composição nutricional, factores antinutricionais e efeito da fervura na composição nutricional dos tubérculos de Anchote (Coccinia abyssinica). *Jornal de Investigação Científica e Inovadora*, 3(2), 177-188.

Gemede, H. F., e Ratta, N. (2014). Factores antinutricionais em alimentos vegetais: Potenciais benefícios para a saúde e efeitos adversos. *Revista internacional de nutrição e ciências alimentares*, 3(4), 284-289.

Goyal, R. K., Wanjari, O. D., Ilyas, S. M., Vishwakarma, R. K., Manikantan, M. R., e Mridula, D. (2015). Tecnologias de moagem de pulso. *Boletim técnico n.º CIPHET/Pub/2015*, 1-95p

Goyal, Ramesh e Vishwakarma, Rajesh e Wanjari, Onkar. (2010). Effect of Moisture Content on Pitting and Milling Efficiency of Pigeon Pea Grain (Efeito do teor de humidade na picagem e na eficiência de moagem do grão de ervilha. *Food and Bioprocess Technology*, 3, 146-149

Guillon, F., e Champ, M. (2002). Propriedades estruturais e físicas das fibras alimentares e consequências do processamento na fisiologia humana. *Food Research International*, 33, 233-245

Gupta, R. K., Gangoliya, S. S., e Singh, N. K. (2015). Redução do ácido fítico e aumento dos micronutrientes biodisponíveis em grãos alimentares. *Jornal de ciência e tecnologia alimentar*, 52, 676-684.

Gupta, S., Liu, C., e Sathe, S. K. (2019). Qualidade de um lanche rico em proteínas à base de grão-de-bico. *Journal of food science*, 84(6), 1621-1630.

Hassan, Z.M., Manyelo, T.G., Selaledi, L., e Mabelebele, M. (2020). Os Efeitos dos Taninos em Animais Monogástricos com Referência Especial a Ingredientes Alternativos de Alimentação. *Molecules*, 25, 46-80.

Hayashi, J. I., Horikawa, T., Muroyama, K., e Gomes, V. G. (2002). Carvão ativado a partir de casca de grão-de-bico por ativação química com K_2CO_3: preparação e caraterização. *Microporous and mesoporous Materials*, 55(1), 63-68.

Hoover, R., Hughes, T., Chung, H. J., e Liu, Q. (2010). Composição, estrutura molecular, propriedades e modificação de amidos de pulso: A review. *Food research international*, 43(2), 399-413.

Ibrahim, S.S., Habiba, R.A., Shatta, A.A. e Embaby, H.E. (2002), Effect of soaking, germination, cooking and fermentation on antinutritional factors in cowpeas. *Nahrung/Foods*, 46, 92-95

Inam, A. K. M. S., Haque, M. A., Shams-Ud-Din, M., e Easdani, M. (2010). Efeitos da casca de grão-de-bico nas propriedades de cozedura dos chapattis. *Jornal da Universidade Agrícola do Bangladesh*, 8(2), 297-304

Jacob, J., e Leelavathi, K. (2007). Effect of fat-type on cookie dough and cookie quality (Efeito do tipo de gordura na massa e na qualidade dos biscoitos). *Journal of food Engineering*, 79(1), 299-305.

Jang, A., Bae, W., Hwang, H. S., Lee, H. G., e Lee, S. (2015). Avaliação de oleogéis de óleo de canola com cera de candelila como alternativa à gordura vegetal em produtos de panificação. *Química alimentar*, 187, 525-529.

Jerome, R. E., Singh, S. K., e Dwivedi, M. (2019). Tecnologia analítica de processos para a indústria de panificação: A review. *Jornal de Engenharia de Processos Alimentares*, 42(5), e13143

Johar, N., Ahmad, I., e Dufresne, A. (2012). Extração, preparação e caraterização de fibras de celulose e nanocristais de casca de arroz. *Industrial Crops and Products*, 37(1), 93-99.

Jose, S., Pandit, P., e Pandey, R. (2019). Casca de grão-de-bico - um potencial agro-resíduo para coloração e acabamento funcional de têxteis. *Culturas e Produtos Industriais*, 142, 111833.

Jukanti, A. K., Gaur, P. M., Gowda, C. L. L., e Chibbar, R. N. (2012). Qualidade nutricional e benefícios para a saúde do grão-de-bico (Cicer arietinum L.): uma revisão. *British Journal of Nutrition*, 108(S1), S11-S26.

Kambli, N. D., Mageshwaran, V., Patil, P. G., Saxena, S., e Deshmukh, R. R. (2017). Síntese e caraterização de pó de celulose microcristalina a partir de fibras de casca de milho usando rota bioquímica. *Cellulose*, 24, 5355-5369.

Kaur, R., e Prasad, K. (2021). Technological, processing, and nutritional aspects of chickpea (*Cicer arietinum*)-A review. *Tendências em Ciência e Tecnologia Alimentar*, 109, 448-463.

Khattab, R. Y., e Arntfield, S. D. (2009). Qualidade nutricional das sementes de leguminosas afetada por alguns tratamentos físicos 2. Factores antinutricionais. Lebensmittel-Wissenschaft and *Technologie-Ciência e Tecnologia* Alimentar, 42(6), 1113-1118.

Koseoglu, E., e Akmil-Başar, C. (2015). Preparação, avaliação estrutural e propriedades adsorventes de carvão ativado a partir de biomassa de resíduos agrícolas. *Tecnologia Avançada de Pós*, *26*(3), 811-818.

Kulthe, A. A., Thorat, S. S., e Lande, S. B. (2017). Avaliação das propriedades físicas e texturais de biscoitos preparados a partir de farinha de milheto de pérola. *Revista Internacional de Microbiologia Atual e Ciências Aplicadas*, 6(4), 692-701.

Kumar, A., Kumar, V., Rani, A., e Kaur, N. (2015). Composição nutricional e fatores antinutricionais de leguminosas selecionadas. *Journal of Functional Foods*, 18(Part B), 1037-1044.

Kumari, P., Rastogi, A., e Yadav, S. (2020). Effects of Heat Stress and molecular mitigation approaches in orphan legume, Chickpea (Efeitos do stress térmico e abordagens de mitigação molecular na leguminosa órfã, grão-de-bico). *Relatórios de Biologia Molecular*, 47, 4659-4670.

Lamo, C., Bargale, P. C., Gangil, S., Chakraborty, S., Tripathi, M. K., Kotwaliwale, N., e Modhera, B. (2022). Celulose altamente cristalina extraída da casca de grão-de-bico usando tratamento alcalino. *Biomass Conversion and Biorefinery*, 1-9.

Leterme, P. (2002). Recomendações das organizações de saúde para o consumo de leguminosas. *British Journal of nutrition*, 88(S3), 239-242.

Mahbub, R., Francis, N., Blanchard, C., e Santhakumar, A. (2021). As propriedades anti-inflamatórias e antioxidantes dos extractos fenólicos da casca do grão-de-bico. *Biociência Alimentar*, 40, 100850.

Merga, B., e Haji, J. (2019). Importância económica do grão-de-bico: produção, valor e comércio mundial. *Cogent Food and Agriculture*, 5(1), 1615718.

Mishra, P., Chakraverty, A., e Banerjee, H. D. (1986). Estudos sobre as propriedades físicas e térmicas da casca de arroz relacionadas com a sua aplicação industrial. *Journal of materials science*, 21, 2129-2132.

Mittal, R., Nagi, H. P. S., Sharma, P., e Sharma, S. (2012). Efeito do processamento na composição química e nos factores antinutricionais da farinha de grão-de-bico. *Jornal de Ciência e Engenharia Alimentar*, 2(3), 180.

Moghtadaei, M., Soltanizadeh, N., e Goli, S. A. H. (2018). Produção de oleogéis de óleo de gergelim à base de cera de abelha e aplicação como substitutos parciais de gordura animal em hambúrguer de carne bovina. *Food Research International*, 108, 368-377.

Myint, H. (2018). Avaliação funcional da casca de feijão como um novo alimento ingrediente para animais monogástricos (um resumo da dissertação e um resumo da revisão da dissertação) Universidade de Hokkaido, 1-74p

Myint, H., Kishi, H., Koike, S., e Kobayashi, Y. (2017). Efeito da suplementação dietética de casca de grão-de-bico nos parâmetros sanguíneos e cecais em ratos. *Animal Science Journal*, 88(2), 372-378.

Narasimha, H. V., Ramakrishnaiah, N., e Pratape, V. M. (2003). Milling of pulses. *Handbook of post-harvest technology*, Marcel Dekker, Inc., Nova Iorque, EUA, 427-454p. Nova Iorque, EUA, 427-454p.

Niño-Medina, G., Muy-Rangel, D., e Urías-Orona, V. (2017). Cascas de grão-de-bico (Cicer arietinum) e soja (Glycine max): subprodutos com potencial uso como fonte de produtos alimentícios de alto valor agregado. *Valorização de resíduos e biomassa*, *8*, 1199-1203.

Niño-Medina, G., Muy-Rangel, D., de La Garza, A. L., Rubio-Carrasco, W., Pérez-Meza, B., Araujo-Chapa, A. P., Gutiérrez-Álvarez, K. A., e Urías-Orona, V. (2019). Fibra alimentar de subprodutos de casca de grão de bico (cicer arietinum) e soja (glycine max) como aditivos de panificação: Propriedades funcionais e nutricionais. *Molecules*, 24(5).2-10

Ohwoavworhua, F. O., Adelakun, T. A., e Kunle, O. O. (2007). Uma avaliação comparativa das caraterísticas de fluxo e compactação da a-celulose obtida a partir de resíduos de papel. *Tropical Journal of Pharmaceutical Research*, 6(1), 645-651.

Orthoefer, F. T., e Eastman, J. (2005). Óleo de farelo de arroz. *Bailey's industrial oil and fat products*, 2(7), 465-489.

Ortolan, F e Steel, C. J. (2017) Caraterísticas proteicas que afectam a qualidade do glúten de trigo vital a ser utilizado na panificação: Uma revisão. *Revisões abrangentes em ciência alimentar e segurança alimentar.* 16, 369-381.

Öztürk, S., Özboy, Ö., Cavidoğlu, İ.,öksel,.2002). Efeitos do grão gasto da cervejaria na qualidade e no teor de fibra alimentar dos biscoitos. *Jornal do Instituto de Fabricação de Cerveja*, 108(1), 23-27.

Pareyt, B., e Delcour, J. A. (2008). O papel dos constituintes da farinha de trigo, do açúcar e da gordura em produtos à base de cereais com baixo teor de humidade: uma análise das bolachas sugar-snap. *Revisões críticas em ciência alimentar e nutrição*, 48(9), 824-839

Parthasarathi, N. L., Borah, U., e Albert, S. K. (2013). Correlação entre o coeficiente de atrito e a rugosidade da superfície no desgaste por deslizamento a seco do aço inoxidável AISI 316 L (N) a temperaturas elevadas. *Modelação Computacional e Novas Tecnologias*, 17(1), 51-63.

Pokharel e Upendra (2022). Effect of processing methods on antinutritional factors present in green gram (mung bean), (Doctoral dissertation, Department of Food Technology Central Campus of Technology, Dharan Institute of Science and Technology Tribhuvan University, Nepal August 2017).

Prakash, P., e Prasad, K. (2023). Elucidação comparativa dos métodos de descasque de alho e posicionamento das caraterísticas de qualidade utilizando a análise de componentes principais. *Ata Scientiarum Polonorum Technologia Alimentaria*, 22(2), 119-131.

Qaisrani, T. B., Butt, M. S., Hussain, S., e Ibrahim, M. (2014). Caracterização e utilização da casca de psyllium para a preparação de biscoitos dietéticos. *Revista Internacional de Agricultura Moderna*, 3(3), 81-91.

Ravi, R., e Harte, J. B. (2009). Propriedades de moagem e físico-químicas de variedades de grão-de-bico (Cicer arietinum L.). *Journal of the Science of Food and Agriculture*, 89(2), 258-266

Raza, H., Zaaboul, F., Shoaib, M., Ashraf, W., Hussain, A., e Zhang, L. (2019). Caracterização físico-química e estrutural do grão-de-bico assado no micro-ondas. *Jornal de Inovações Globais em Ciências Agrícolas*, 7, 23-28.

Rebello, C. J., Greenway, F. L., e Finley, J. W. (2014). Uma revisão do valor nutricional das leguminosas e seus efeitos sobre a obesidade e suas co-morbidades relacionadas. *Obesity reviews*, 15(5), 392-407.

Rebello, L. P., Ramos, A. M., Pereira, S. A., Granato, D., e Shahidi, F. (2017). Compostos fenólicos: propriedades funcionais, impacto do processamento e biodisponibilidade. Em Handbook of Food Bioengineering. Academic Press, EUA 463-486p

Rios, R. V., Pessanha, M. D. F., Almeida, P. F. D., Viana, C. L., e Lannes, S. C. D. S. (2014). Aplicação de gorduras em alguns produtos alimentícios. *Ciência e Tecnologia de Alimentos*, 34, 3-15.

Sahay, K. M., e Singh, K. K. (1996). Unit operations of agricultural processing. Vikas Publishing House Pvt. Ltd., Nova Deli, 1-388p.

Sandberg, A. S., Brune, M., e Carlsson, N. G. (2013). Aspectos químicos e nutricionais da degradação do fitato em alimentos e rações. *Revisões críticas em ciência alimentar e nutrição*, 53(4), 373-393.

Segev, A., Badani, H., Galili, L., Hovav, R., Kapulnik, Y., Shomer, I., e Galili, S. (2011). Conteúdo fenólico total e atividade antioxidante do grão-de-bico como afetado pelas condições de imersão e cozedura. *Ciências da Alimentação e Nutrição*, 02(07), 724-730

Sharma, S., Singh, A., Sharma, U., Kumar, R., e Yadav, N. (2018). Efeito do processamento térmico em fatores antinutricionais e biodisponibilidade in vitro de minerais nas cultivares Desi e Kabuli de grão-de-bico cultivadas no norte da Índia. *Legume Research-An International Journal*, 41(2), 267-274.

Sinchaiyakit, P., Ezure, Y., Sriprang, S., Pongbangpho, S., Povichit, N., e Suttajit, M. (2011). Taninos da casca de sementes de tamarindo: preparação, caraterização estrutural e actividades antioxidantes. *Comunicações de produtos naturais*, 6(6), 830-834.

Singh, N. (2017). Leguminosas: uma visão geral. *Jornal de Ciência e Tecnologia Alimentar*, 54, 853-857p

Soetan, K. O., e Oyewole, O. E. (2009). A necessidade de um processamento adequado para reduzir os factores anti-nutricionais em plantas utilizadas como alimentos humanos e rações para animais: A review. *Jornal Africano de Ciência Alimentar*, 3(9), 223-232.

Sreerama, Y. N., Sashikala, V. B., e Pratape, V. M. (2010). Variabilidade na distribuição de compostos fenólicos em fracções moídas de grão-de-bico e grama-forrageira: avaliação das suas propriedades antioxidantes. *Jornal de química agrícola e alimentar*, 58(14), 8322-8330.

Staniforth, J. (2002). Fluxo de pós. *Pharmaceutics, The science of dosage form design*, 197-210.

Sudha, M. L., Vetrimani, R., e Leelavathi, K. (2007). Influência da fibra de diferentes cereais nas caraterísticas reológicas da massa de farinha de trigo e na qualidade dos biscoitos. *Food chemistry*, 100(4), 1365-1370.

Sulana, S. (2020). Propriedades nutricionais e funcionais da Moringa oleifera. *Metabolismo aberto*, 8, 100061

Sung, W. C., e Chen, C. Y. (2017). Influência da formulação de biscoitos na formação de acrilamida. *Journal of Food and Nutrition Research*, 5(6), 370-378.

TAPPI, T. (2002). 222 om-02: Lignina insolúvel em ácido em madeira e polpa. *2002-2003 Métodos de ensaio TAPPI.*

TAPPI, T. (2009). 203 cm-99 Alfa-, beta- e gama-celulose em pasta de papel. *TAPPI Test Methods*, 20(2), 1-5.

Thapliyal, P., Sehgal, S., e Kawatra, A. (2014). Digestibilidade in vitro e antinutrientes afectados pela demolha, descasque e cozedura sob pressão de variedades de grão-de-bico (*Cicer arietinum*). *Asian Journal of Dairy and Food Research*, 33(2), 131-135.

Tiwari e Singh (2017) Pulse Chemistry and Technology, Royal Society of Chemistry's Journals.UK 34-49p

Wanyo, P., Meeso, N., e Siriamornpun, S. (2014). Efeitos de diferentes tratamentos nas propriedades antioxidantes e compostos fenólicos do farelo de arroz e da casca de arroz. Química alimentar, 157, 457-463.

Wood, J. A., Knights, E. J., e Harden, S. (2008). Milling performance in desi-type chickpea (*Cicer arietinum* L.): effects of genotype, environment, and seed size. *Journal of the Science of Food and Agriculture*, 88(1), 108-115.

Wood, J. A., Knights, E. J., Campbell, G. M., e Choct, M. (2014). Diferenças entre genótipos de grão-de-bico (*Cicer* arietinum L.) fáceis e difíceis de moer. Parte I: Composição química geral. *Journal of the Science of Food and Agriculture*, 94(7), 1437-1445

Wood, J. A., Knights, E. J., Campbell, G. M., e Choct, M. (2014). Diferenças entre genótipos de grão-de-bico (Cicer arietinum L.) fáceis e difíceis de moer. Parte I: Composição química geral. *Journal of the Science of Food and Agriculture*, 94(7), 1437-1445.

Yadav, L., e Bhatnagar, V. (2017). Efeito da imersão e torrefação nos componentes nutricionais e anti-nutricionais do grão-de-bico (componentes anti-nutricionais do grão-de-bico (Pratap-14). *The Bioscan*, *12*, 771-774.

Zheng, B., Zhao, H., Zhou, Q., Cai, J., Wang, X., Cao, W., e Jiang, D. (2020). Relações de composição proteica, estrutura do glúten e propriedades reológicas da massa com a qualidade de biscoitos curtos de variedades de trigo mole. *Agronomy Journal*, 112(3), 1921-1930.

MIX
Papier aus verantwortungsvollen Quellen
Paper from responsible sources
FSC® C105338

Printed by Books on Demand GmbH, Norderstedt / Germany